I 厨房

吃豆腐

杨桃美食编辑部 主编

U0284918

江苏凤凰科学技术出版社　凤凰含章

图书在版编目（CIP）数据

吃豆腐 / 杨桃美食编辑部主编 . -- 南京 : 江苏凤
凰科学技术出版社 , 2016.6
（含章·I厨房系列）
ISBN 978-7-5537-5679-0

Ⅰ . ①吃… Ⅱ . ①杨… Ⅲ . ①豆腐 - 菜谱 Ⅳ .
① TS972.123

中国版本图书馆 CIP 数据核字 (2015) 第 266329 号

吃豆腐

主　　　编	杨桃美食编辑部
责 任 编 辑	张远文　葛　昀
责 任 监 制	曹叶平　方　晨

出 版 发 行	凤凰出版传媒股份有限公司
	江苏凤凰科学技术出版社
出版社地址	南京市湖南路 1 号 A 楼，邮编：210009
出版社网址	http://www.pspress.cn
经　　　销	凤凰出版传媒股份有限公司
印　　　刷	北京旭丰源印刷技术有限公司

开　　　本	718mm×1000mm　1/16
印　　　张	14
字　　　数	250 000
版　　　次	2016年6月第1版
印　　　次	2016年6月第1次印刷

标 准 书 号	ISBN 978-7-5537-5679-0
定　　　价	39.80元

图书如有印装质量问题，可随时向我社出版科调换。

一口滋味，
一片深情

中餐里的食物总是带着一些情感烘托的氛围，除却酸、甜、苦、辣、咸，"情感"也是中餐里一种独特的味道。不管是来源于妈妈的味道，还是很久以前走错路偶然吃到的美食，味觉总能勾起记忆里的点滴，让人重温当时的感动。

豆腐可以说是中国人最伟大的食物发明之一，一颗颗精挑细选的圆溜溜的大豆，经过浸泡、研磨、滤渣、煮沸各个工序，然后加入石膏或卤水等凝固剂，时间的沉淀之后，白嫩丝滑的豆腐便出现在人们的眼前。豆腐自从在淮南王刘安的手中横空出世的那一刻起，就伴随着一代又一代中国人的生活，纯洁、质朴地给予舌尖最优雅的享受。2000多年过去了，岁月的年轮曲曲折折走到了现在，豆腐依旧是那个为大众所喜爱的白色方块。

随着科技的进步，规模化生产的豆腐工厂取代了家庭式的作坊，高效自动化的电磨代替了笨重的石磨……或许现在只有小村子里的些许人家仍然在用最原始的方法制作豆腐了。

试想一下这样的镜头。

初秋的早上，整洁的小院中央，大树下老爷爷正缓缓地推着石磨，老奶奶则拿着小笤帚不停地把磨盘上外圈的豆子扫进里边。凉爽的风吹过茂密的树叶，拂过两位老人面颊的皱纹，裹挟着大豆的香气飘飘悠悠地在院子里打转。两位老人说说笑笑，或许想起了年轻时一起磨豆子的情景，或许想起孩子们小时候在院子里嬉笑追逐的样子。孩子们从小就吃家里的豆腐，现在有了孙儿辈，老人们帮不上别的什么忙，只是想让孙子们也吃上爷爷奶奶亲手做的豆腐，健健康康地长大。小小的豆腐寄托着两位老人满满的慈爱和深深的期盼，这浸透了辛勤汗水和掌心温度的豆腐，香气更加迷人。不管世事如何变迁，幸福的味道总能镌刻在记忆深处，每当想起都会是甜如蜜般的心满意足，滋味在心头。

汉代淮南王刘安在八公山上烧药炼丹时，偶得之物成就一段流传至今的食物传奇。

物欲横流的年代，
是不是早已厌恶了饕餮盛宴和席间虚伪的吆喝，
其实平凡和简单才最难得。

万物皆有灵魂，
而食物的灵魂来自于烹饪者的真心。

豆腐文化早已播散四方，如这道日式和风料理，将带你来到富士山的樱花树下，感受异域的清新情调。

CONTENTS
{目 录}

零食变正餐：
蟹肉锅巴豆腐

菜肴的哲理：
糖醋豆腐

第一章
在家做经典豆腐菜

"疑是林花昨夜开":
雪花豆腐

兼容并蓄大美者:
香料炸豆腐

第二章

创意人气豆腐菜

美味又健康：
橘酱肉片豆干

家常的想念：
青辣椒炒豆干丝

第三章

豆干的盛宴

有一种味道叫浓郁：
腐乳豆皮卷

让我们荡起创意的桨：
豆浆拉面

第四章

千变万化豆制品

煮豆作乳脂为酥：
豆腐、豆干种类介绍

认识豆腐和豆干

从不同的角度，可将豆腐作不同的分类。首先，豆腐可分为北豆腐和南豆腐。其主要区别在于，北豆腐多用盐卤为凝固剂，多见于北方地区，质地较南豆腐老，水分含量在85%~88%；而南豆腐多用石膏为凝固剂，质地较细嫩，水分含量在90%左右。在此基础上，豆腐的加工制品也十分丰富，根据制作方法主要可分为冻制品（即冻豆腐）、发酵制品（即腐乳）、卤制品、炸制品、熏制品、碱浸制品和炸卤制品等。说到豆干，其实也是豆制品的一种，其营养丰富，既香又鲜，久吃不厌，有"素火腿"之称。

下面，对豆腐和豆干的一些主要种类作一阐述，以飨读者。

豆腐

豆腐是常见的豆制品，黄豆、黑豆、花生仁等含蛋白质较多的豆类都可制作豆腐。

传统板豆腐

因为使用木板成型，故名，也可称为传统豆腐。其口感略硬，豆香味浓郁。

盒装嫩豆腐

因为凝固方式不同，故口感较传统豆腐更为顺滑，但易碎、不利久煮。

鸡蛋豆腐

以鸡蛋和黄豆为原料制成的豆腐，口感非常滑嫩，拌或煎、炸、煮汤都很适合。

百页豆腐

口感较一般豆腐有弹性，其内部孔隙易吸收汤汁，适合于炖、卤。

冻豆腐

以板豆腐为基础冷冻加工而成，其孔隙较大、口感特殊，适合吃火锅时食用。

油豆腐

板豆腐经油炸制成，不易变形破碎，广泛用于各种美食烹饪中。

臭豆腐

臭豆腐总的特点是闻起来臭，吃起来香，但其实在制作方式和食用方式上均存在地区上的差异。

传统嫩豆腐

外形与板豆腐相似，但水分含量较多，质地也比较软嫩平滑，适合蒸、炸、煎、煮等烹饪方式。

木棉豆腐

是日本最常见的豆腐，质地细腻，较坚硬、不易碎，口感扎实浓郁。一般用于烧煮或火锅。

豆干

豆腐干的简称，是豆腐的再加工制品，其味咸香爽口、硬中带韧、久放不坏。

小豆干

一般常见的小豆干外皮经过焦糖一次上色，不论煎、炒、卤、炸都非常适合。

黑豆干

外形较厚且大，色泽较黑且外皮较硬，内部亦较入味，咀嚼更具口感。

白豆干

未经上色与调味过程，内外都为白色，口感较软，适合与各种食材搭配拌炒。

五香豆干

一般需经过2次卤制上色的过程，卤汁中含五香粉，口味香浓。

官印豆干

金黄色的表皮盖上红色的官印，寓意吉利讨喜。体积较一般豆干厚且大。

豆干角

自行使用一般豆干切成角状即可，一般多与块状食材搭配拌炒食用。

白干丝

白干丝营养丰富、口感软嫩，但口味淡，需要佐料来增添它的风味。

豆干条

经过卤制上色的条状豆干，口感上比白干丝更具嚼劲，适合炒或凉拌。

第一章

在家做经典豆腐菜

经典总在唇齿之间

淮南王刘安好道，欲求长生不老之术，不惜重金，广招四海方家术士于八公山上炼制丹药，但是事与愿违，药没炼成，偶以石膏点豆浆，却成了白如纯玉、细若凝脂的豆腐。有心栽花花不开，无心插柳柳成荫，也许会有人认为这是偶然发生的奇迹，但是，苏格拉底的因果定律早就说明白了，世界上没有一件事情是偶然发生的，每一件事情的发生必有其原因。"插柳"是因，"成荫"是果，果一开始就酝酿在因中。长生不老自然是不可能的，死是必然的事，刘安偏偏梦想自己能战胜自然规律，结果自然是失败的，但是他与术士们确实贡献了智慧和努力，得不到灵丹妙药，得到营养丰富的豆腐倒也算是皇天不负有心人。"想要长生不老"是因，"得到健康美食"是果。现如今，淮南市每年都会在刘安诞辰日举办豆腐文化节，刘安本人虽未长生不老，但是他的豆腐却长留于世上，也算是了了他的心愿，这也是他的果。

不管怎样，刘安为后世饮食文化做出了巨大的贡献，经过2000多年的演化，豆腐已经成为各地百姓喜闻乐见的明星食材。它既可以单独成菜，也可以作主料或辅料与各类食材进行搭配，烹制出上千种菜肴。可冷拼、可热炒、可煲汤，制作方法千姿百态，家常豆腐、麻婆豆腐、皮蛋豆腐、臭豆腐等都是最常见的经典豆腐美食，甚至有"没有豆腐，不成宴席"之说。如今的豆腐，以其高蛋白、低脂肪、低热量和低胆固醇等众多优点成为公认的健康食品，深受大众的喜爱，经常出现在千家万户的饭桌之上。

说到经典豆腐菜，大名鼎鼎的麻婆豆腐绝对是绕不过去的话题。麻婆豆腐是川菜馆里的头把交椅，是永远无法取代的川菜经典，麻辣鲜香，哪怕是不爱吃辣的人，就算只闻香味也会为其倾倒。麻婆豆腐始创于清朝同治元年。当年的成都万福桥边，有一家叫陈兴盛饭铺的小店，店主陈春富早殁，小饭店便由老板娘经营，老板娘脸上有麻点，人称"陈麻婆"。万福桥是一

道横跨在府河上的宽木桥，桥上常有贩夫走卒、推车抬轿的苦力在此歇脚、打尖。光顾陈兴盛饭铺的主要是挑油的脚夫。这些人经常买来豆腐、牛肉，再从油篓子里舀些菜油要求老板娘代为加工。日子长了，陈麻婆对烹制豆腐有了一套独特的技艺，豆腐色香味俱全，形整不烂，被称为麻婆豆腐，特色在于麻、辣、烫、香、酥、嫩、鲜、活八字，陈家店铺称之为八字箴言。此菜遂在成都广为人知，后传至全国。清末诗人冯家吉《锦城竹枝词》云："麻婆陈氏尚传名，豆腐烘来味最精，万福桥边帘影动，合沽春酒醉先生。"

豆腐是素菜里的主角，豆腐十八配，它的吃法大概也是食材中最丰富的一个，不但在烹调上可以百配百宜，在调味上也咸、甜、辣无所不可，为中国人的口味增添了许多色彩。

豆腐的另一个经典便是名声如雷贯耳的臭豆腐，就算没吃过，也绝对不会没听过。其中最有名的便是长沙的臭豆腐，当地也叫臭干子，尤以火宫殿地区的最受欢迎，常年人流如织，是许多游客去长沙旅游的首选景点，也是长沙的金字招牌。毛主席1958年回湖南视察的时候，前往火宫殿就餐，吃到臭豆腐，提笔留字"长沙火宫殿的臭豆腐，闻起来臭，吃起来香"，臭豆腐的美名享誉湘江两岸，在长沙俨然成了一种"臭"文化。多年来，看似难登大雅之堂略显粗俗的臭豆腐，却一直作为最具代表性的民间休闲小吃，声名远扬，叱咤街巷小吃界。臭豆腐焦脆而不糊、细嫩而不腻，初闻臭气扑鼻，细嗅浓香诱人，既有白豆腐的新鲜爽口，又有油炸豆腐的芳香松脆。只要你能接受它臭的外在，它便会满足你的味觉，给予你极大的美味享受。

经典豆腐菜还有很多很多，恐怕三天三夜也说不完。当然，豆腐菜好吃与否还要取决于烹饪者经验的积累。其实人生也如烹豆腐，只有小心翼翼、谦虚谨慎地累积经验，才能漫步人生。

四季经典：
家常豆腐

养生若大补，莫若食豆腐。豆腐是中国人饮食智慧的结晶，它起源于淮南，相传是淮南王刘安及其门客在炼丹时偶然发现的。几千年来，它早在各个菜系中都占有了一席之地。家常豆腐是"豆腐宴"的元老，它不受季节的约束，营养丰富，既经济又简单，确是一道值得传承的好菜。

材料 Ingredient

板豆腐	300克
肉丝	30克
姜丝	10克
葱丝	10克
红辣椒丝	5克
青豆	适量

调料 Seasoning

沙茶酱	1大匙
酱油	2大匙
白糖	1大匙
米酒	1大匙
水	5大匙
香油	1/2茶匙

做法 Recipe

1. 将板豆腐切成1.5厘米厚，备用；青豆洗净，备用。

2. 热一锅，加入1大匙油，放入板豆腐煎至两面焦黄，捞起备用。

3. 锅中再倒入1大匙油，放入姜丝、葱丝、红辣椒丝以小火爆香，再放入肉丝炒至肉色变白，然后加入所有调味料（除香油）快炒。

4. 最后放入煎好的豆腐和青豆，以小火煮约2分钟后收干汤汁，淋上香油即可。

小贴士 Tips

+ 被油煎过的板豆腐是已熟的食物，所以烹饪的目的只在于让其入味。

+ 肉丝体积较小，容易炒焦，所以一定要快速翻炒，以免过老。

+ 如果不喜欢沙茶酱的味道，可以用豆瓣辣酱代替。

食材特点 Characteristics

沙茶酱：来源于印尼的风味调料，具有大豆、洋葱、花生的复合香气，还有虾米、生抽的复合鲜咸味，富含蛋白质、糖和脂肪，肥胖者少食。

米酒：以糯米为原料发酵而成，富含多种维生素和微量元素，赖氨酸含量极高，能促进人体发育、增强免疫功能。

健身美食餐：
牛肉豆腐煲

都市的快节奏生活之余，许多人会选择运动来放松，越来越多的人开始热衷于练肌肉。这道牛肉豆腐煲，就十分适合于健身期间享用。酥松浓郁的牛肉，能悄悄地助长你的肌肉和力量，酱香入味的豆腐，不仅能解馋，更悄无声息地解了毒。放心开怀地吃吧，和运动时挥汗如雨一样的畅快。

材料 Ingredient

牛肉	120克
板豆腐	200克
葱末	20克
姜末	30克
蒜苗	40克

腌料 Marinade

鸡蛋清	1大匙
淀粉	1茶匙
酱油	1茶匙
嫩精	1/4茶匙

调料 Seasoning

辣豆瓣酱	2大匙
水	200毫升
白糖	1大匙
米酒	2大匙
淀粉	2茶匙
香油	1茶匙

做法 Recipe

1 将牛肉洗净切块，加入所有腌料拌均匀，腌渍5分钟。

2 将板豆腐切小块；蒜苗洗净切片，备用。

3 热油锅至180℃，放入板豆腐炸至外观呈金黄色，捞出沥油。

4 取另一锅烧热，加入2大匙油，放入牛肉以大火快炒至表面变白，捞出备用。

5 做法4的锅中再放入葱末、姜末和辣豆瓣酱，以小火爆香。

6 加入水、白糖、米酒以及豆腐，煮至滚沸后加入牛肉和蒜苗炒均匀，用淀粉勾芡，淋上香油即可。

小贴士 Tips

➕ 烧煮过程时间较长，所以选择传统的板豆腐，含水量低，韧性强，容易炸至酥脆，烹调时也不容易碎烂。

➕ 牛肉在烹饪前稍许腌渍，更容易入味。

食材特点 Characteristics

牛肉：牛肉富含蛋白质而脂肪含量低，氨基酸的组成接近人体所需，能补中益气、强健筋骨、化痰熄风，还能提高免疫力。

淀粉：淀粉就是俗称的"芡"，为白色无味粉末，是植物体中贮存的养分，贮存在种子和块茎中，在烹饪中具有无可替代的作用。

招牌待客菜:
油豆腐烧肉

油豆腐烧肉小时候不大能吃到，往往家里来客人了才会被端上桌，长大后又离家读书，更是想念了。以前大概是因为里面有大块大块的肉，所以常被用来招待客人吃，表示重视，其实这道菜，真正吃的是油豆腐，香浓的肉香和油汁全部被吸进油豆腐中，无论是刚出锅时的热气腾腾，还是放久冷却了，都让人馋涎欲滴。

材料 Ingredient

五花肉	600克
油豆腐	8块
葱段	2段
蒜	7瓣
红辣椒	1个

调料 Seasoning

高汤	100毫升
盐	1/2小匙
老抽	3大匙
冰糖	2大匙
米酒	2大匙
八角	3粒

做法 Recipe

❶ 将现成的高汤放入锅中煮沸，再放入其余所有调料煮至均匀，成为卤汁，备用。

❷ 将五花肉洗净，切块；油豆腐放入滚水中汆烫，然后捞起备用。

❸ 热一锅，加入1大匙色拉油，放入蒜、葱段及红辣椒炒香，加入五花肉翻炒，再加入油豆腐和熬好的卤汁。

❹ 以大火煮滚，改转小火盖上锅盖，炖约30分钟即可。

小贴士 Tips

➕ 油豆腐比较吸油，所以挑选的五花肉不要太瘦。

➕ 油豆腐烧之前也要汆水，因为在油炸过程中会凝结一种涩味的油脂，汆水可以去掉。

➕ 酱油选择老抽比较容易上色，烧出来的菜看起来更有食欲。

食材特点 Characteristics

油豆腐：北方人称豆腐泡，是豆腐的炸制品，含有丰富的优质蛋白和多种氨基酸，钙和铁的含量也比较高，但是消化不良的人应少食。

八角：又称茴香，有强烈香味，主要用于煮、炸、卤、酱及烧等烹调加工，有温中理气、健胃止呕、兴奋神经等功效。

简简单单才是真:
皮蛋豆腐

皮蛋豆腐，一道出镜率很高的菜，无论是在大酒楼、街头小馆，还是自家的饭桌，哪里都有它的影子。物欲横流的年代，是不是早已厌恶了饕餮盛宴和席间虚伪的吆喝。其实平凡和简单更加难得，这也是我想要表达的精神，在这道毫不起眼的菜里，真真切切地传递出来。

材料 Ingredient

嫩豆腐	1盒
皮蛋	1个
葱	1根
柴鱼片	适量

调料 Seasoning

酱油膏	2大匙
蚝油	1/2大匙
白糖	1/2大匙
香油	适量
水	1大匙

做法 Recipe

❶ 将所有调料搅拌均匀成酱料，备用。

❷ 葱洗净，切末；皮蛋放入沸水中烫热，待凉后剥壳，剁碎，备用。

❸ 将嫩豆腐放置冰凉后，取出置于盘中，再放上皮蛋碎，淋上酱料，最后撒上葱花及柴鱼片即可。

绽放的味蕾:

八珍豆腐煲

朴实无华的豆腐与各具特色的八珍，似乎没有相通点却又融合得恰到好处。食材被赋予了全新的使命，经过各自的打磨重新聚集在一起，多而不乱，香而不杂。没有了违和感，细细品味，就能够发现，一样的浓香里充斥着全然不同的感觉。就用一道菜，碰撞出味蕾的盛宴，给你想要的满足。

材料 Ingredient

鸡蛋豆腐	1/2盒
虾仁	50克
鸡胗	3个
鸡肝	1副
墨鱼	40克
泡发香菇	3朵
鲜鱼片	30克
白菜	1/4颗
姜末	1/2茶匙
蒜末	1/4茶匙
水	150毫升
葱段	适量

调料 Seasoning

A:

蚝油	1大匙
酱油	1茶匙
白糖	1/2茶匙
盐	1/2茶匙
白胡椒粉	1/4茶匙
香油	1/2茶匙

B:

水淀粉	1大匙

做法 Recipe

❶ 将鸡胗洗净，切花；鸡肝洗净，切片；墨鱼洗净，切小块；泡发香菇洗净，切片；再将以上所有材料放入滚水中汆烫去杂质，捞出备用。

❷ 将白菜洗净，切大段，放入滚水中汆烫至软，捞出置砂锅底；鸡蛋豆腐切成5等份，放入油锅中炸透，捞出。

❸ 原锅留少许油，放入姜末、蒜末爆香，加入水与调料A，接着放入做法1的材料、鲜鱼片、虾仁与鸡蛋豆腐煮约3分钟，以水淀粉勾芡，盛入砂锅中，最后放上葱段即可。

童年的梦：
口袋豆腐

口袋豆腐是云南保山金鸡乡民间传统菜，因其成菜后，用筷子提起，形状酷似口袋而得名。据说在明末清初之时，有一位担当和尚云游至当地金鸡寺，发现本地水质鲜甜，就别出心裁制作了鲜香味美的素食佳品——口袋豆腐，并留下"嚼铁丸不费力气，食豆腐需下功夫"的名句。恍惚间想起童年渴望拥有万能口袋的自己，嘴角的香甜涌上心头，毕竟美味需等待，成长需历练。

材料 Ingredient

板豆腐	2块
鸡蛋	1个
（取蛋清）	
胡萝卜片	30克
泡发香菇片	30克
姜末	10克
葱段	20克
烫熟上海青	4棵

调料 Seasoning

A:
白胡椒粉	适量
盐	适量

B:
蚝油	2大匙
高汤	200毫升
水淀粉	2茶匙
香油	2茶匙

做法 Recipe

① 切除板豆腐四周硬边，以筛网筛出板豆腐泥。

② 在板豆腐泥中加入白胡椒粉、盐和鸡蛋清拌匀。

③ 用汤匙挖出板豆腐泥，在掌心塑形成光滑扎实的蚕茧状，放入油温180℃以上的油锅中。

④ 待豆腐浮起后轻轻翻动，至表面上色呈酥黄后，捞起沥油，即为口袋豆腐，备用。

⑤ 锅中留余油，爆香姜末、葱段、胡萝卜片、泡发香菇片，倒入高汤和蚝油搅匀略煮。

⑥ 续加入口袋豆腐煨烧，再以水淀粉勾薄芡，滴入香油后，盛入放有烫熟上海青的盘中即可。

小贴士 Tips

⊕ 传统的口袋豆腐做法，是将豆腐切条后放入油锅中炸，炸完后泡碱水让豆腐内部软烂。但为了符合饮食潮流，特将这道菜的做法稍作调整。

青春的印记：
宫保豆腐

都说在大学的时候有几件事情是一辈子都忘不了的，譬如第一次吃到食堂的饭菜。遥想当年新生报到之后，第一次走进大学的食堂，随便找了一个档口要了一份宫保豆腐。就这样，宫保豆腐成了我关于大学食堂的第一个记忆，也是一个美味、美好、洒满阳光的记忆。

材料 Ingredient

板豆腐	2块
葱	2根
蒜末	1茶匙
干辣椒段	2大匙
蒜香花生仁	2大匙
花椒	1茶匙
高汤	50毫升

调料 Seasoning

A:

酱油	1茶匙
白糖	2茶匙
香醋	1茶匙
酱油	1/2茶匙

B:

水淀粉	1茶匙

做法 Recipe

❶ 板豆腐洗净，切小块，放入油温为160℃的油锅中，炸至金黄色后捞出沥油；葱洗净，切段；干辣椒段泡软，沥干。

❷ 锅中留少许油，加入蒜末、辣椒段、花椒、葱段拌炒2分钟，再加入板豆腐、高汤和所有调料A炒匀。

❸ 锅中放入水淀粉勾芡，再撒上蒜香花生仁炒匀即可。

客家味道：
三杯豆腐

"三杯"的做法源自江西。据传，当年一个江西籍的狱卒因为条件所限，只用了甜酒酿、猪油、酱油各一杯作为调料炖鸡，然后给狱中的文天祥食用，故而得名。后来"三杯"成为客家菜常见的料理手法，在中国台湾也很受欢迎。每道菜都有一枚关键的棋子，三杯豆腐的关键棋子就是罗勒叶，加入之后，口感完全是豁然开朗、美不胜收。

材料 Ingredient

板豆腐	500克
姜片	15克
红辣椒片	10克
罗勒叶	25克

调料 Seasoning

酱油	2大匙
素蚝油	1茶匙
白糖	1茶匙
香油	2大匙

做法 Recipe

❶ 将板豆腐洗净，切小块，放入油温为170℃的油锅中，略炸至表面呈金黄后捞出沥油，备用。

❷ 热一锅，倒入香油，放入姜片、红辣椒片炒至微焦香，再放入豆腐块和所有剩余调料拌炒均匀。

❸ 起锅前加入洗净的罗勒叶，拌炒至食材均匀入味即可。

超完美搭档：

湖南豆腐

湖南人爱吃辣，与当地潮湿的气候有关，更与湖南人"霸蛮"而又热情的性格有关。湖南人是最像北方人的南方人，刚烈、直率、爱憎分明。可以说，是湖南人成就了辣椒的热烈，也是辣椒赋予了湖南人奔放的性格。湖南豆腐，着实是豆腐与辣椒的盛宴，豆腐为辣椒提供了舞台，辣椒则给豆腐涂抹了别样的色彩。

材料 Ingredient

老豆腐	2块
蒜苗	1根
豆豉	5克
红辣椒末	10克
猪肉末	50克
水	200毫升

调料 Seasoning

A:

酱油	2大匙
白糖	1小匙
米酒	1大匙

B:

水淀粉	1大匙
香油	1小匙
辣油	1小匙

做法 Recipe

1. 将老豆腐切小块；蒜苗洗净，切段，备用。

2. 将油锅烧热，放入豆豉、红辣椒末、猪肉末爆香。

3. 续放入老豆腐块煎香，再加入蒜苗段、水和所有调料A，入锅焖煮6~7分钟直至汤汁略干。

4. 起锅前加入水淀粉勾芡，再加入香油及辣油搅拌均匀即可。

小贴士 Tips

+ 为使豆腐达到一定的老度，必须在烹饪前将老豆腐所含的一部分水分先行排除。

食材特点 Characteristics

老豆腐：类似于豆腐脑，但在制作上更复杂，口感也较豆腐脑更老些。老豆腐洁白明亮，嫩而不松，风味独特，是山东部分地区的特色早餐。

豆豉：一种发酵豆制品，以黑豆或黄豆为主要原料，利用毛霉、曲霉或者细菌蛋白酶的发酵作用制成。按口味可分为咸豆豉和淡豆豉。

"声音也是美味的"：
铁板豆腐

冬天吃饭的时候都有一个烦恼，热气腾腾的饭菜端上桌，还没等吃完就凉了，而且凉了之后食物的香气也没了。一盘铁板豆腐就能轻松解决这一烦恼，滚烫的铁板时刻烹烤着豆腐，香气也不断释放出来。色香味俱全还不够，铁板上的豆腐被烤得吱吱作响，就像是夏天知了的叫声，仿佛冬天也有了一片青翠。

材料 Ingredient

板豆腐	2块
猪肉片	30克
荷兰豆	6条
玉米笋	3根
胡萝卜片	20克
秀珍菇	6片
蒜末	1/2茶匙
姜末	1/2茶匙
高汤	150毫升

调料 Seasoning

蚝油	2大匙
鸡精	1/2茶匙
白糖	1/2茶匙
盐	1/8茶匙
水淀粉	2茶匙

做法 Recipe

1. 将板豆腐洗净，切正方块，放入油锅中炸至金黄，泡入高汤内备用。

2. 将玉米笋洗净，切斜刀片；分别与胡萝卜片、秀珍菇放入滚水中，氽烫捞起，冲凉水备用。

3. 猪肉片加入盐及淀粉（材料外）拌匀，备用。

4. 热一锅，放入色拉油，加入蒜末、姜末以小火略炒，再加入猪肉片炒至变白。

5. 续加入板豆腐及所有调料（水淀粉除外），再加入剩余材料，以中火煮至滚后用水淀粉勾芡，起锅，盛入烧热的铁板内即可。

小贴士 Tips

+ 炸豆腐时一定要在油五成热时下锅，让豆腐慢慢受热。另外不要选用嫩豆腐，因为嫩豆腐水分比较大，下锅后容易烂掉。

食材特点 Characteristics

荷兰豆：又称荷仁豆、剪豆，以食用嫩荚为主，其嫩荚质脆清香，营养价值很高。中医认为，荷兰豆具有益脾和胃、生津止渴、和中下气等功效。

玉米笋：即甜玉米细小幼嫩的果穗，营养含量丰富，而且具有独特的清香，口感甜脆、鲜嫩可口。

爱心便当：

油豆腐酿肉

金黄的油豆腐剪个小口，塞入腌好的满满的肉馅，上锅蒸熟便大功告成，肉香弥漫，就连菜鸟选手都能轻松搞定。一个个金黄的小方块，看着就可口诱人，带着这样的午饭去上学或者上班，心情都是美丽的。油豆腐块像一颗颗爱心，包裹着对生活的感激，对家庭的感激，对所爱的人的感激，浓得化不开的温情是这道菜最重要的佐料。

材料 Ingredient

油豆腐	7块
猪肉馅	250克
蒜末	10克
姜末	5克
葱末	20克

调料 Seasoning

盐	适量

腌料 Marinade

盐	适量
酱油	1大匙
白糖	1/2小匙
米酒	1大匙
水	1大匙
香油	1小匙
淀粉	适量

做法 Recipe

① 将所有油豆腐用剪刀剪开洞，备用。

② 将猪肉馅加入调料拌匀，再放入腌料拌匀。

③ 接着放入蒜末、姜末、葱末一起搅拌均匀，然后腌20分钟，备用。

④ 将腌好的猪肉馅均匀地填入剪有洞的油豆腐中，备用。

⑤ 将填有肉馅的油豆腐放入盘中，再放入电锅内锅中，外锅加入1杯水（材料外），按下开关，蒸至开关跳起后再焖5分钟即可。

小贴士 Tips

➕ 猪肉馅中一定要加白糖，根据个人口味也可以适当加点醋，风味更佳。

➕ 先蒸再焖的做法一方面能保证成功率，而且口感也比较好。

食物的灵魂：
酱香豆腐

万物皆有灵魂，食物也不例外，只不过食物的灵魂来自于烹饪者的真心。食物是有感情的，没有用心去做，它的味道就差强人意；满含真心去做，除了美味之外，吃的人也同样能尝到感情的味道。我确信，感情的味道是甜的。真心真意为家人烹饪的酱香豆腐，一定色泽红润、酱香浓郁，进到胃里之后大脑通过神经感知到的一定是甜蜜。

材料 Ingredient

板豆腐	2块
猪肉馅	50克
甜豆荚	50克
葱花	1大匙
蒜末	1/2茶匙
姜末	1/2茶匙
高汤	200毫升

调料 Seasoning

A:

辣豆瓣酱	1茶匙
白糖	2茶匙
盐	1/8茶匙
醋	2茶匙
酱油	1/2茶匙

B:

水淀粉	1茶匙

做法 Recipe

1. 将板豆腐洗净，平均切成小方块，放入油温约160℃的油锅中，炸至金黄色后捞出沥油，备用。

2. 锅中留下少许油，加入猪肉馅炒至肉色变白，再加入蒜末、姜末、葱花和辣豆瓣酱，以小火拌炒至香气溢出。

3. 最后加入高汤、其余调料A、甜豆荚及板豆腐块，以小火煮约3分钟，再加入水淀粉勾芡即可。

小贴士 Tips

+ 不同品牌的辣豆瓣酱味道会有所区别，并可根据自己的口味调整其他调料的用量。

食材特点 Characteristics

豆瓣酱：原料是蚕豆、盐、辣椒等，富含优质蛋白质，烹饪时可使蛋白质在微生物的作用下生成氨基酸，可使菜品更加鲜美。

白糖：主要分为两大类，即白砂糖和绵白糖。西餐食用较多的是白砂糖，绵白糖主要在中华饮食文化圈内的国家或地区食用较多。

洒脱生活：

酥炸虾仁豆腐

从某种意义上说，生活就是一件接一件的烦心事，然后再去一件一件地解决。有时很疲惫，有时很受伤，有时很无力。这时，不如选择下厨做一餐精致的美食，稍显复杂的酥炸虾仁豆腐可作为首选。美食的味道总是能让人开心，饱餐一顿之后，回头想想，生活随意点就好。

材料 Ingredient

虾米	1茶匙
虾仁	80克
板豆腐	1块
鸡蛋	1个
蛋液	2个量

调料 Seasoning

A:
盐	1/2茶匙
白糖	1/4茶匙
胡椒粉	1/4茶匙
香油	1茶匙

B:
高汤	100毫升
蚝油	1茶匙
香油	1/2茶匙
水淀粉	1茶匙

C:
| 淀粉 | 1大匙 |

做法 Recipe

① 将板豆腐切去表面一层硬皮，洗净沥干；虾米泡水，捞出切末；虾仁洗净，用纸巾吸干水分，用刀背拍成泥，备用。

② 将虾仁泥中加入盐，摔打至黏稠起胶，再加入板豆腐、虾米末、其余调料A拌匀，再加入磕破的鸡蛋、淀粉拌匀成豆腐泥。

③ 准备瓷汤匙8个，抹上少许色拉油，将豆腐泥挤成球形，放入汤匙里均匀整形呈橄榄状，重复此做法至填完8个汤匙，随后整齐放入锅内蒸约5分钟至熟，待凉倒扣取出。

④ 热锅，加入适量色拉油，将蒸豆腐泥均匀沾裹上蛋液，放入锅内炸至两面变金黄色，即可取出沥油。

⑤ 将调料B混合煮滚后勾芡，淋在豆腐上即可。

小贴士 Tips

＋ 如果买的是鲜虾，放进冰箱急冻20分钟左右取出，剥皮会更方便；如果买的是冰冻虾仁，回来要自然解冻才能保持虾仁完整。

食材特点 Characteristics

鸡蛋：鸡蛋含有大量的维生素和矿物质，并含有高质量的蛋白质，是人类常食用的食品之一。中医认为，鸡蛋能补肺养血、滋阴润燥，可用于气血不足、热病烦渴、胎动不安等，能够扶助正气。

"甜美外衣下"：
蟹黄豆腐

爽滑鲜嫩、色泽喜人、营养丰富，这三个诱人的词汇都是用来形容蟹黄豆腐的。它看上去像极了Q弹可人的水果沙拉，你可千万别被它的外貌所迷惑，它可的的确确是一道荤菜，而且绝不是风轻云淡的那一种，味道浓郁醇厚才是它甜美外表下的本质。蟹黄豆腐的咸香口味很适合老人和孩子，端上桌只眨眼的工夫，就只剩空空的盘子了。

材料 Ingredient

蟹腿肉	20克
蛋豆腐	1盒
胡萝卜	10克
葱	1根
姜	10克

调料 Seasoning

A：

水	50毫升
盐	1/2茶匙
蚝油	1茶匙
白糖	1茶匙
绍酒	1茶匙

B：

香油	1茶匙
水淀粉	1茶匙

做法 Recipe

1. 将蛋豆腐洗净，切小块；蟹腿肉和胡萝卜均洗净，切末；葱洗净，切花；姜洗净，切末，备用。
2. 热锅倒入适量色拉油，放入蛋豆腐煎至表面焦黄，取出备用。
3. 再于锅中倒入适量色拉油，放入姜末爆香，再放入胡萝卜末、蟹腿肉末炒匀，然后加入所有调料A及蛋豆腐块，转小火焖煮4～5分钟。
4. 最后加入水淀粉勾芡，淋入香油，撒上葱花即可。

小贴士 Tips

+ 蟹肉末和胡萝卜末混合起来就是人工蟹黄了。
+ 如果没有真蟹黄，又觉得人工蟹黄制作麻烦，用三四个咸蛋黄代替也可以做得很好吃。

食材特点 Characteristics

胡萝卜：有治疗夜盲症、保护呼吸道和促进儿童生长等功能。此外，胡萝卜还含有较多的钙、磷、铁等矿物质。

螃蟹：蟹肉富含蛋白质及微量元素，有很好的滋补作用；它富含维生素A，对皮肤的角化很有帮助。但蟹肉富含胆固醇，故痛风患者不宜多食。

"表里如一"：
腐皮豆腐卷

豆腐、豆干、腐竹、豆腐皮、豆浆，豆制品可谓种类繁多，可见中国人对豆制品有着深厚的感情。腐皮豆腐卷可被称为豆制品中的豆制品，豆腐皮和豆腐同时入菜，本质相同却形态有别，可以说它是心口如一，因同样都是大豆转化的产物；也可以说它是心口不一，柔嫩如豆腐者为里，薄而韧如腐皮者为表，成就了焦香美味的腐皮豆腐卷。

材料 Ingredient

老豆腐	1/2盒
豆腐皮	1张
虾仁	40克
姜末	10克
荸荠	3个
芹菜末	15克
面粉	适量
面糊	适量

调料 Seasoning

盐	适量
白糖	适量
胡椒粉	适量
米酒	1小匙

做法 Recipe

① 将老豆腐压碎。

② 将荸荠去皮，洗净，剁碎；虾仁洗净，剁碎；然后一同放入老豆腐碎中抓匀。

③ 再加入所有调料搅拌均匀，然后加入面粉、姜末和芹菜末拌匀成馅料，备用。

④ 将豆腐皮剪成4小张，铺平，放入适量馅料包好，封口涂上面糊封好，即成豆腐皮卷。

⑤ 将豆腐皮卷放入热油锅中，以小火炸至浮起，再转大火炸至金黄后捞起，沥油盛盘即可。

小贴士 Tips

✛ 用面糊给豆腐皮卷封口时，如果不好用，也可以直接用一点馅料封口。

✛ 其实腐皮豆腐卷的馅料可以有多种选择，如用猪肉、羊肉等替换虾仁，用香菇代替荸荠均可。总之，只要开动脑筋，就一定可以做出出人意料的美味。

招牌川菜：

麻婆豆腐

大名鼎鼎的川菜经典——麻婆豆腐大约起源于清朝同治初年，由成都北郊万福桥一家名为"陈兴盛饭铺"的老板娘陈刘氏所创。麻婆豆腐色泽红亮，豆腐形整不烂，口感麻辣鲜香、不同凡响，深得大众的喜爱。因为陈刘氏脸上略有麻点，人称陈麻婆，所以她所创的烧豆腐就被称为"陈麻婆豆腐"，直至今日依然是川菜馆的招牌菜。

材料 Ingredient	
板豆腐	2块
猪肉馅	80克
蒜末	1/2茶匙
高汤	250毫升

调料 Seasoning	
辣豆瓣酱	1茶匙
辣油	1茶匙
白糖	1茶匙
酱油	1/2茶匙
盐	1/4茶匙
水淀粉	1大匙

做法 Recipe

❶ 将板豆腐洗净，擦干，切成立方小丁，备用。

❷ 热一锅，倒入适量色拉油，加入蒜末、辣豆瓣酱以小火炒香，再放入猪肉馅拌炒至肉色变白。

❸ 加入高汤和除水淀粉外的其余调料拌匀，再放入板豆腐丁，以小火煮约3分钟后，加入水淀粉勾芡即可。

温暖心田的味道：
豆酱烧豆腐

吃多了口味浓重的菜肴，想换一换清淡的口味，就可以试试这道豆酱烧豆腐。尽管清淡，可是滋味却一点也不会逊色。豆酱烧豆腐就像是家人的感觉，温暖也足够热情。对于出门在外的人来说，远在他乡吃到这道家常菜是无比幸福的，鲜嫩的豆腐入口即化，舒服踏实满足，再多的寒风冷雨都在那一刻消失了。

材料 Ingredient

板豆腐	2块
葱花	10克
红辣椒末	10克
水	100毫升

调料 Seasoning

客家黄豆酱	1大匙
酱油	1茶匙
白糖	1/2茶匙

做法 Recipe

1. 将板豆腐洗净，切厚片，放入热油锅中，干煎至两面金黄，盛起备用。

2. 将水、所有调料和红辣椒末放入锅中，煮滚后放入煎好的豆腐，焖煮至汤汁略收干，盛起摆盘。

3. 将锅中剩余的酱汁淋至豆腐上，再撒上葱花即可。

古时斋菜：
罗汉豆腐

罗汉菜曾是清代宫廷名菜之一。清代《素食说略》中记载："罗汉菜，菜蔬瓜之类，与豆腐、豆腐皮、面筋、粉条等，俱以香油炸过，加汤一锅同焖。甚有山家风味。太乙诸寺，恒用此法。鲜于枢（元代书法家、诗人）有句云：'童炒罗汉菜，其名盖已古矣。'"据此可证，此菜是源于太白山寺院中的斋菜，早在元代就已为人所知。

材料 Ingredient

蛋豆腐	1盒
荷兰豆	50克
干金针菇	10克
鲜香菇	1朵
胡萝卜	10克
黑木耳丝	20克
姜丝	5克

调料 Seasoning

香菇高汤	200毫升
盐	1/6茶匙
白糖	1/2茶匙
水淀粉	1大匙
香油	1大匙

做法 Recipe

❶ 将荷兰豆洗净，去粗丝；将干金针菇泡开水，3分钟后沥干；将鲜香菇及胡萝卜均洗净，切丝，备用。

❷ 将蛋豆腐切厚片，放入滚水中汆烫约10秒钟，然后取出。

❸ 锅烧热，倒入少许色拉油，以小火炒香姜丝，加入蛋豆腐外的其余所有材料略炒。

❹ 再加入香菇高汤、盐、白糖及蛋豆腐片炒匀，加入水淀粉勾芡，最后淋入香油即可。

小贴士 Tips

✚ 在制作香菇高汤时，要先将菇伞下的杂质洗净。

食材特点 Characteristics

金针菇：因其菌柄细长，似金针菜，故名金针菇。金针菇能增强人体的生物活性，促进新陈代谢。另外，金针菇中的赖氨酸含量很高，具有促进儿童智力发育的功能。

姜：是一种极为重要的调味品，能刺激胃黏膜，引起血管运动中枢及交感神经的反射性兴奋，促进血液循环，振奋胃功能，达到健胃、止痛、发汗、解热的作用。

白菜的逆袭:
白菜狮子头

白菜狮子头从字面意思来看,狮子头绝对是主角,多数人的筷子首先都会伸向狮子头,白菜只会被当成可有可无的配菜,甚至最后它会被无情地剩在盘底。但是对于内行来说,这道菜不吃白菜绝对是一种浪费。这道菜的精髓恰恰在于白菜,煮过的白菜变得十分软烂,更易咀嚼,百分百扎实的狮子头也只有缴械投降的份儿。

材料 Ingredient

板豆腐	150克
猪肉馅	200克
荸荠碎	50克
姜末	10克
葱末	10克
鸡蛋	1个
白菜	400克
葱段	适量
姜丝	15克
香菜	适量

调料 Seasoning

A:	
盐	1/2茶匙
白糖	1茶匙
酱油	1大匙
料酒	1大匙
白胡椒粉	1/2茶匙
香油	1茶匙

B:	
水	600毫升
酱油	100毫升
白糖	1茶匙

做法 Recipe

1. 将板豆腐氽烫约10秒后,捞起冲凉,压成泥;将白菜洗净,切大块。

2. 将猪肉馅加入盐后搅拌至有黏性,再加入调料A中的白糖及鸡蛋拌匀,续加入荸荠碎、豆腐泥、葱末、姜末及其余调料A,拌匀后将肉馅分成4份,捏成狮子头。

3. 热一锅,倒入200毫升色拉油,将狮子头下锅,以中火煎炸至表面定形。

4. 取一锅,将葱段、姜丝放入锅中垫底,再依序放入煎好的狮子头及调料B;开大火,烧开后转小火煮约30分钟,再加入白菜块,煮约15分钟至大白菜软烂,最后撒上香菜即可。

小贴士 Tips

+ 猪肉馅要选择三分肥七分瘦的,这样做出来的狮子头才好吃。

食材特点 Characteristics

荸荠:有"地下雪梨"之称,北方人视之为"江南的人参"。它富含维生素和粗纤维,具有止渴、消食、解热的功效。

香菜:香菜是人们熟悉的提味蔬菜,状似芹、叶小且嫩、茎纤细、味郁香。其性温味甘,能健胃消食、发汗透疹、利尿通便、祛风解毒。

食物的包容心：
韩式海鲜豆腐锅

要说一道菜里能群英荟萃、海陆齐聚、应有尽有，那只有韩式海鲜豆腐锅做到了。它如一位饱经沧桑的老者一般，用一颗海纳百川的心，宽容地接受这个世界，拥抱仍然懵懂的年轻人。食物里蕴藏着太多人类的智慧，无论怎样的变迁，世界依然安然无恙，依然人来人往，食物也仍旧还是本来的味道。就让我们用一颗坦然的心努力生活吧。

材料 Ingredient

盒装嫩豆腐	600克
墨鱼	1/2条
鱼肉	50克
花蟹	1/2只
洋葱	30克
韩国泡菜	50克
白虾	4只
蛤蜊	4个
牡蛎	30克
金针菇	10克
茼蒿	适量
高汤	2000毫升

调料 Seasoning

蒜泥	1/2茶匙
辣椒酱	1茶匙
酱油	1茶匙
味啉	2大匙
香油	1大匙

做法 Recipe

1. 洋葱洗净，去皮，切丝；韩国泡菜切小块，备用。

2. 将墨鱼洗净，切块；鱼肉洗净，切片；花蟹洗净，切对半；嫩豆腐切成四方块；白虾、蛤蜊、牡蛎均洗净；金针菇、茼蒿均洗净，备用。

3. 取一锅加热，加入香油、洋葱丝略炒，再加入韩国泡菜块炒约2分钟。

4. 将高汤加入锅中，用大火煮至滚沸后，放入其余材料，用中火续煮约3分钟；将所有调料混合调匀，淋至锅中调味，撒上葱段（材料外）即可。

小贴士 Tips

+ 挑选生墨鱼时，宜选择色泽鲜亮洁白、无异味、无黏液、肉质富有弹性的；挑选干墨鱼时，最好能用手捏一捏鱼身是否干燥，闻一下是否有异味，优质的墨鱼只有海腥味但无臭味。

食材特点 Characteristics

蛤蜊：具有"百味之王"的美誉，营养全面，低热量、高蛋白、少脂肪，能防治中老年人慢性病，实属物美价廉的海产品。

花蟹：因外壳有花纹而得名。中医认为，花蟹有养筋益气、理胃消食、解结散血的作用，对淤血、黄疸和风湿性关节炎等有一定的食疗效果。

"臭名远扬"：
传统臭豆腐

300多年前，臭豆腐横空出世，居然奇迹般地以"臭味"俘获了万千大众的心和胃。臭豆腐的名字简直就是个贬义词，粗俗又直白，可是它的味道却反转了整个形象，外陋内秀，外酥里嫩，闻起来臭，吃起来却是十足的喷香。有人敬而远之，有人视为心中至爱，总有一些东西是只有自己才能真切感受其中滋味的，就像臭豆腐一样。

材料 Ingredient

臭豆腐	2块
泡菜	适量

调料 Seasoning

辣椒酱	2大匙
酱油	1大匙
蒜末	1大匙
白糖	1茶匙
水	1大匙
香油	适量

做法 Recipe

❶ 将臭豆腐洗净，沥干水分备用。

❷ 热一锅，放入适量色拉油，烧热至约180℃时，放入臭豆腐以小火炸至外皮酥脆，捞起沥干油分，再对切成4块。

❸ 将所有调料搅拌均匀，均匀地淋在臭豆腐上，食用前搭配泡菜即可。

日式夜宵：
扬出豆腐

日式料理总是很清淡，有人喜欢，也有人觉得吃着不够过瘾。扬出豆腐是日式料理中出了名的清淡简单的代表，这样的菜品作为夜宵是最合适的了。它不仅口感清新，而且不会因太油腻而给胃造成过多的负担。清清爽爽的一道小菜伴着如水般平静的夜色，沉静地满足着夜晚的些许食欲。

材料 Ingredient

板豆腐	1块
白萝卜泥	适量
海苔丝	适量
红辣椒末	适量
姜末	适量
淀粉	适量

调料 Seasoning

水	200毫升
柴鱼素	1/2茶匙
酱油	30毫升
味啉	30毫升

做法 Recipe

1. 将板豆腐洗净，沥干，切成长方块，再沾上薄薄的淀粉，放入油温为180℃的油锅中炸酥备用。

2. 将所有调料混合煮开，制成酱汁备用。

3. 将白萝卜泥、红辣椒末混合，备用。

4. 将板豆腐放入碗中，从边缘淋入酱汁，再放上适量做法3的材料，放上姜末，撒上海苔丝即可。

菜肴的哲理：
糖醋豆腐

生活是五味杂陈的，酸甜苦辣咸，本就是杂乱无章的随意组合，也许苦尽甜来，也许辣过又咸，又或许酸甜相伴，总要有一个强大的心脏接受周遭的一切。生活也是美丽的，纵然一天的工作再累，回到家吃着香喷喷的饭菜又能立刻满血复活。糖醋豆腐，酸甜相伴，不会太甜蜜而冲昏头脑，也不会太辛酸而消磨掉意志，适度调剂着生活。

材料 Ingredient

青甜椒片	适量
胡萝卜	1/2个
板豆腐	1块
洋葱	1/4个
水淀粉	适量
低筋面粉	适量

调料 Seasoning

白糖	2大匙
醋	3大匙
水	2大匙
番茄酱	2大匙
酱油	1/2茶匙
盐	适量

做法 Recipe

1. 将洋葱洗净，切成适当大小的片；将胡萝卜洗净，去皮，切成薄片。

2. 将板豆腐放入滚水中汆烫2分钟，捞起，切成3厘米的方形小丁，沾裹少许低筋面粉，用180℃的热油炸至表面呈金黄色。

3. 将洋葱片、胡萝卜片和青甜椒片过油，备用。

4. 将所有调料混合烧热，用水淀粉勾薄芡，再加入板豆腐块一起焖煮，起锅前放入做法3中的材料略拌炒一下即可。

小贴士 Tips

+ 炸豆腐时最好使用不粘锅。

食材特点 Characteristics

甜椒：又称菜椒，是非常适合生吃的蔬菜，富含B族维生素、维生素C和胡萝卜素，为强抗氧化剂，对白内障、心脏病和癌症均有一定疗效。

低筋面粉：是指含水分13.8%，粗蛋白质8.5%以下的面粉，因为筋度弱，常用来制作口感柔软、组织疏松的蛋糕、饼干、花卷等。

零食变正餐：

蟹肉锅巴豆腐

锅巴是大人小孩都喜欢的休闲零食，看电视的时候吃，发出咯吱咯吱的响声，就算一个人在家也不会觉得无聊。还有比锅巴更酥脆的么？那只有炸过的锅巴了，在这道蟹肉锅巴豆腐里，油炸过的锅巴金黄酥脆，由于蟹肉的加入，使得本菜更添了海派的风味，成为正餐饭桌上不可或缺的美味。

材料 Ingredient

蟹味棒	80克
锅巴	6片
鸡蛋豆腐块	400克
胡萝卜	1根
姜末	10克
葱花	20克
高汤	200毫升
水淀粉	1茶匙

调料 Seasoning

盐	1/4茶匙
白糖	1/6茶匙
白胡椒粉	1/8茶匙

做法 Recipe

1. 将胡萝卜洗净，去皮，用汤匙刮出碎屑约150克；蟹味棒剥碎。

2. 热一锅，放入5大匙色拉油，将胡萝卜碎屑放入锅中以小火炒约4分钟，至胡萝卜软化。

3. 加入姜末炒香，放入高汤、蟹味棒、鸡蛋豆腐块、盐、白糖、白胡椒粉，煮开后用水淀粉勾薄芡成蟹肉豆腐，装碗备用。

4. 热锅，倒入约500毫升色拉油烧至约160℃，转小火，放入锅巴炸至微黄酥脆，捞起放至深盘中。

5. 趁热将蟹肉豆腐淋在炸锅巴上，撒上葱花即可。

小贴士 Tips

+ 锅巴通常是用大米、黄豆或小米制成的，制作此菜时，最好使用家庭自制的锅巴。

+ 当将滚热的蟹肉豆腐淋在同样滚热的锅巴上时，会发出噼噼啪啪的油爆声，此时一定要当心手上、脸上被热油烫伤。

食材特点 Characteristics

蟹味棒：以优质鱼糜为主要原料，高蛋白、低脂肪，营养结构合理，具有护心、降糖消渴、抑癌抗瘤的功效。

锅巴：锅巴味道鲜美，营养丰富，通常由大米、黄豆、小米等制成，不仅可以当零食、主食食用，还可用它做出许多菜肴。

美好愿景：
豆腐黄金砖

中国人很喜欢取寓意吉祥喜庆的名字，人名、地名、菜名都是如此，这满含了对美好生活的愿景。显然，在中国人的文化里，豆腐黄金砖要比金黄豆腐块更讨喜，哪怕它是同一样东西，名字吉利的总能得到人们的青睐。豆腐黄金砖口味纯正地道，再加上这样一个锦上添花的名字，正可谓香在嘴里，喜在心头。

材料 Ingredient

板豆腐	2块
猪肉馅	150克
虾仁	100克
蒜	适量
红辣椒	1/3个
姜	15克
海苔粉	适量

调料 Seasoning

酱油	1茶匙
料酒	1大匙
鸡精	1茶匙
盐	少许
白胡椒粉	少许
淀粉	1茶匙
蛋清	1个

做法 Recipe

1. 先将板豆腐切成长宽高各约5厘米的正方块，再将板豆腐中心挖出个小洞备用。

2. 将虾仁洗净，剁碎；蒜、红辣椒、姜均洗净，切碎。

3. 取一个容器，放入猪肉馅、做法2中的材料和所有调料混合拌匀，并摔打至有黏性，备用。

4. 取板豆腐块，抹上少许面粉，将猪肉馅塞入豆腐块中，再将豆腐块放入油温约180℃的油锅中，炸至表面金黄且肉熟透。

5. 将炸好的豆腐块盛盘，撒上海苔粉，淋上适量酱油膏（材料外）即可。

小贴士 Tips

+ 为了让虾仁更加鲜嫩可口，可以上浆。

食材特点 Characteristics

海苔：以紫菜为原料制成，具有祛脂降压、利尿消肿、提高免疫力、壮骨、养颜护肤、抑癌抗瘤、抗衰抗辐射的效果。

蛋清：蛋清就是鸡蛋白，可润肺利咽、清热解毒。它富含蛋白质、人体必需的8种氨基酸和少量醋酸。烹饪时多用来上浆。

宫廷御膳:
锅塌豆腐

"锅塌"是鲁菜独有的一种烹调方法,可以做鱼、做肉,还能做豆腐和蔬菜。最早的锅塌菜就来自山东,早在明代,山东济南就出现了锅塌豆腐,此菜到了清朝乾隆年间成为宫廷菜,后传遍全国各地。锅塌豆腐玲珑别致、整齐端庄、鲜香可口,正因为这样的形貌和内在才被选为要求极高的宫廷菜,其大气的外表正体现了皇家的庄严。

材料 Ingredient

板豆腐	1块
葱	3根
上海青	2棵
低筋面粉	适量

调料 Seasoning

高汤	60毫升
白糖	1茶匙
酱油	1大匙
料酒	1/2大匙
胡椒粉	适量

做法 Recipe

1. 将板豆腐洗净,切成4块长方形,沾上低筋面粉,入油锅以中油温炸至金黄色,捞起备用。

2. 葱洗净,切花;上海青洗净,放入加有少许盐(材料外)与色拉油的滚水中汆烫一下,捞起泡入冰水中冷却,沥干备用。

3. 热一锅,倒入适量色拉油,炒香葱花后,放入所有调料煮开,再加入板豆腐,以小火焖煮至略收汁即可盛盘,摆上上海青装饰即可。

小贴士 Tips

+ 将板豆腐尽量切得薄厚一致,油炸的时候最好用小火,这样会炸得更透。

食材特点 Characteristics

上海青:是华东地区最常见的小白菜品种,江浙一带又称其为"青菜"。因其菜茎白白的像葫芦瓢,因此也俗称为"瓢儿白"。

料酒:料酒是烹饪用酒,可以增加食物的香味,祛腥解腻,它富含多种人体必需的营养成分,还可以减少烹饪时对蔬菜中叶绿素的破坏。

鲜香下饭菜：

铁板牡蛎豆腐

对于爱吃米饭的人来说，餐桌上能有一盘可口的下饭菜是最幸福不过的了。午餐要吃铁板牡蛎豆腐的话，米饭一定得多做点儿，因为食欲肯定大增，不够吃就太扫兴了。豆腐软香，牡蛎熟成得恰到好处，香气四溢，平时吃一碗饭的人，此时可是要吃两碗的。铁板的加热，更保证了食材持续的香气和佐饭应有的热度。

材料 Ingredient

牡蛎	100克
豆腐	1/2盒
葱	1根
蒜	3瓣
红辣椒	1/2个
洋葱	5克
罗勒叶	适量

调料 Seasoning

料酒	1大匙
白糖	1/2茶匙
香油	适量
酱油膏	1大匙
豆豉	5克

做法 Recipe

① 将牡蛎洗净，用沸水汆烫，沥干备用。

② 将豆腐洗净，切小丁；葱洗净，切小段；蒜洗净，切末；红辣椒洗净切圈，备用。

③ 热一锅，倒入适量色拉油，放入葱段、蒜末及红辣椒圈炒香，再加入牡蛎、豆腐丁及所有调料轻轻拌炒均匀。

④ 将洋葱洗净，切丝，放入已加热的铁板上，最后将做法3中的材料倒入，用罗勒叶装饰即可。

小贴士 Tips

➕ 要将牡蛎的外壳完全煮开，以外壳张开以后再煮3~5分钟为佳。

食材特点 Characteristics

罗勒：也叫九层塔，为药食两用芳香植物，具有丰富的纤维素和维生素，摄入人体后可促进肠道蠕动，有助于消化。

牡蛎：又名生蚝，是所有食物中含锌最丰富的，是很好的补锌食物。中医认为，牡蛎性平，味甘、咸，能滋阴益血、养心安神。

快乐儿童餐：
虾仁镶豆腐

虾仁是含有丰富钙质的食物，很适合正处于生长发育期的儿童食用，孩子们大多也很喜欢吃虾仁。豆腐中蛋白质含量丰富，搭配虾仁食用，美味十足又营养全面。虾仁镶豆腐，制作简单，小巧玲珑，并且有利于消化，孩子在吃饭的时候也能享受乐趣。让孩子健康快乐地长大，是一生中最有成就感的事情。

材料 Ingredient

虾仁碎	50克
板豆腐	160克
葱末	5克
葱段	适量
姜片	3小片
上海青	20克
全虾	1只

调料 Seasoning

A:	
盐	1/4茶匙
鸡蛋清	1个
淀粉	1/2大匙
白胡椒粉	适量
B:	
料酒	1/2茶匙
水	1/2杯
蚝油	1大匙
盐	1/4茶匙
白胡椒粉	适量
C:	
淀粉	适量
水淀粉	适量

做法 Recipe

① 将板豆腐修掉硬边，压成泥，加入所有调料A拌匀，备用。

② 锅烧热，加入少许色拉油，炒香葱末和虾仁碎后，放凉备用。

③ 取汤匙，涂上少许色拉油，取适量豆腐泥铺在汤匙上，中间镶入上述虾仁料，再加上少许豆腐泥，反复此做法直到材料用尽。

④ 将汤匙放入蒸锅中，蒸约6分钟，待稍凉后取下豆腐，沾少许淀粉后放入热油锅中油炸，捞起备用。

⑤ 锅底留余油，炒香姜片、葱段和调料B，续放入炸豆腐煮约3分钟，然后用水淀粉勾芡，盛盘时以汆烫过的上海青和全虾装饰即可。

小贴士 Tips

✛ 在食用虾仁镶豆腐后，至少要隔2个小时才能吃葡萄、石榴、山楂、柿子等含有鞣酸的水果，否则容易引起腹泻。

✛ 属于过敏体质的人士，建议用肉末代替虾仁，可以避免过敏反应。

食材特点 Characteristics

虾仁：含有丰富的钾、碘、镁、磷等矿物质及维生素A、氨茶碱等成分，对身体虚弱以及病后需要调养的人是极好的食物。

海陆双鲜：

海带卤油豆腐

油豆腐犹如海绵，你永远不知道它的吸水力到底有多强，炖过之后的油豆腐浸满了汤汁，咬一口就如同打开了水库的蓄水闸门，醇香的汤汁瞬间喷涌而出，不小心的话还会从嘴角溢出来，吃到汤汁的那一刹那，满足感油然而生。海带卤油豆腐，吃过一次之后就绝对不会忘记。

材料 Ingredient		调料 Seasoning	
海带结	200克	酱油	2大匙
油豆腐	250克	盐	适量
姜片	15克	白糖	1/4茶匙
红辣椒段	15克	料酒	1茶匙
白胡椒粒	适量		
水	350毫升		

做法 Recipe

❶ 将海带结、油豆腐均洗净，放入滚水中略氽烫后，捞起备用。

❷ 热一锅，加入适量油，加入姜片、红辣椒段爆香，再放入白胡椒粒炒香。

❸ 锅中加入水、所有调料、海带结、油豆腐煮至滚沸，再转小火卤约15分钟即可。

清淡的学问：
清蒸臭豆腐

臭豆腐还能清蒸？没错，不过此臭豆腐并非街边小吃摊卖的油炸臭豆腐，而是没有炸之前的臭豆腐。油炸食品虽然酥香味美，但吃多了对身体无益，清淡的饮食才是健康的守护神。此菜中猪肉和毛豆仁的加入，弥补了臭豆腐味觉上的不足，丰富了味蕾的感受。清蒸臭豆腐，既解了馋，又保证了健康，称得上是老少咸宜。

材料 Ingredient		调料 Seasoning	
臭豆腐	1块	酱油	2茶匙
猪肉馅	150克	盐	1/2茶匙
毛豆仁	80克	白糖	1/4茶匙
蒜	15克	胡椒粉	1大匙
葱	15克	香油	1大匙
红辣椒	适量		
高汤	80毫升		

做法 Recipe

1 臭豆腐洗净；蒜、葱、红辣椒均洗净，切末。

2 热一锅，倒入适量色拉油，放入猪肉馅炒至肉色变白，再放入蒜末、毛豆仁略拌炒；加入高汤和所有调料，拌炒1分钟后淋至臭豆腐上。

3 将臭豆腐放入锅中蒸约10分钟，取出撒上葱花、红辣椒末即可。

別样风味：

卤豆腐

对于南方人来说，卤味可以说是人间美味，大宴小席没有卤味简直就是不成体统，卤蛋、卤肉、卤豆腐等更是生活的必需品。卤豆腐是南方的一道家常小吃，豆腐经过卤制之后，内中含有卤汁，韧烂度适口，卤香浓郁，佐饭下酒都是绝配。卤豆腐做起来方便，吃起来过瘾，浸泡时间越长，味道愈加浓厚。

材料 Ingredient

板豆腐	2块
葱花	1茶匙
葱	1根
姜片	20克
万用卤包	1包

调料 Seasoning

A：

香油	1茶匙

B：

酱油	150毫升
白糖	1大匙
料酒	1茶匙
水	300毫升

做法 Recipe

1. 将葱花和香油调匀成葱花香油，备用。

2. 将所有调料B混合，并放入姜片、葱和万用卤包，开大火煮滚后，转小火煮约15分钟，即为卤汁。

3. 将板豆腐洗净，浸泡在热水中约5分钟，取出沥干，放入卤锅中，不开火浸泡30分钟后捞出，淋上葱花香油及适量卤汁即可。

小贴士 Tips

+ 板豆腐也可以先煎再卤，这样做出来的卤豆腐口感会更劲道。

食材特点 Characteristics

卤包：卤包一般由生姜、桂皮、小茴香、陈皮、丁香、草果、三奈、花椒、香草等香料组成，是做卤味的必备。

葱：葱不仅营养丰富，而且其所含的苹果酸和磷酸糖能促进血液循环，故常吃葱能减少胆固醇在血管壁上的堆积。

双菇豆腐煲

是药三分毒，无论西药还是中药，大都如此，所以最好还是少吃药为好。既然"病从口入"，那么"养病亦可从口而入"，经常做一些具有食疗效果的汤煲补身体，绝对是一举两得的事情。双菇豆腐煲，能够理气化痰、促进消化、排出毒素，对于便秘、消化不良、痰湿体质的人都有很好的补益和调理作用。冬天感冒了，盛上热腾腾的一碗，闻上一闻，都顿觉神清气爽吧！

材料 Ingredient

蟹味菇	200克
香菇	5朵
板豆腐	250克
胡萝卜	20克
竹笋	40克
西蓝花	80克
姜片	20克
水	150毫升

调料 Seasoning

素蚝油	2大匙
白糖	1茶匙
白胡椒粉	1/2茶匙
水淀粉	1大匙
香油	1茶匙

做法 Recipe

1 将所有材料洗净；蟹味菇、香菇均去蒂；胡萝卜、竹笋均切小片；板豆腐切厚片；西蓝花撕成小朵，备用。

2 取一锅，倒入500毫升色拉油烧热至约180℃，放入板豆腐片，以大火炸至表面金黄，捞起沥干。

3 锅底留2大匙油，爆香姜片，加入水、素蚝油、白糖及白胡椒粉，放入豆腐片和做法1中的其余材料，煮滚约3分钟，至汤汁略收后用水淀粉勾芡，洒上香油即可。

小贴士 Tips

+ 蟹味菇应在0~5℃的条件下贮藏，以减少营养物质的损耗。

食材特点 Characteristics

蟹味菇：含有丰富的维生素和17种氨基酸，其中赖氨酸、精氨酸的含量高于一般菇类，是一种低热量、低脂肪的保健食品。

西蓝花：原产于地中海东部沿岸地区，有"蔬菜皇冠"的美誉。西蓝花营养丰富，含蛋白质、糖、脂肪、维生素和胡萝卜素等，营养成分位居同类蔬菜之首。

家常中的不寻常：

红烧臭豆腐

红烧类的菜品因其天生诱人的红润色泽总能吸引更多的食客，欣赏它独具特色的风味，味浓汁厚，是对其最大的褒奖。红烧豆腐、红烧排骨实在太常见了，而这道红烧臭豆腐倒是不寻常，做法大同小异，口味也是一样的下饭利口，看似很熟悉的东西，千万不要太理所当然就忽略掉它独特的美味。

材料 Ingredient

臭豆腐	3块
鲜香菇	3朵
葱段	适量
红辣椒	1个
高汤	200毫升

调料 Seasoning

酱油	2大匙
料酒	1大匙
白糖	1茶匙
醋	1茶匙
香油	1/2茶匙

做法 Recipe

① 将臭豆腐洗净，切厚片；鲜香菇洗净，去蒂，切片；红辣椒洗净，去蒂及籽，切片备用。

② 热一锅，倒入适量色拉油烧热至约160℃，放入臭豆腐片，以中火油炸至表面变色，捞出沥油，备用。

③ 锅中留少许油，放入葱段、鲜香菇片和红辣椒片以小火爆香，加入所有调料炒出香味，最后加入高汤和臭豆腐片，以中火烧煮至汤汁略收干即可。

小贴士 Tips

⊕ 汤汁不完全收干的口感更好。

食材特点 Characteristics

高汤：通常是指经过长时间熬煮的鸡汤，在烹调过程中代替水，加入到菜肴或汤羹中，目的是提鲜，使味道更浓郁。

醋：醋在中国菜的烹饪中有举足轻重的地位，它是一种发酵的酸味液态调味品，多由高粱、大米、玉米、小麦以及糖类、酒类发酵制成。

第二章

创意人气豆腐菜

改变的是外在，不变的是美味

明代"景泰十才子"之一的苏平写过一首通俗易懂的《豆腐诗》："传得淮南术最佳，皮肤褪尽见精华。一轮磨上流琼液，百沸汤中滚雪花。瓦罐浸来檐有影，金刀剖破玉无瑕。个中滋味谁得知，多在僧家与道家。"遣词简单、生活化，用现在的话来说就是接地气，它完美脱俗地塑造了豆腐纯洁无瑕的形象和气质。豆腐可以说是中国人最熟悉的食材了，几乎很少有人会说自己没吃过豆腐的，更何况还有种类繁多的各色豆制品，豆腐家族简直是承包了千家万户的饭桌。

豆腐在一代又一代人的脑海中留下味觉的记忆，在无数挑剔的舌尖流转着，经典菜式数不胜数，每个人随口就能说出几样，创意新菜品也是层出不穷。豆腐能够历久弥新，千百年来受到大众的喜爱，离不开大厨们既谨慎地继承着先辈的口味，又不断创新菜式的进取精神。这个世界无时无刻不在上演着优胜劣汰的戏剧，停滞不前只会被无情地卷进岁月的车轮而粉身碎骨，

有一句话叫作"存在即合理"，但是创新却是使一样东西之所以能够存在的唯一理由。豆腐不管是外在还是内里，都是绝对单纯的代表，想方设法使它不那么单调乏味，并且变化出新的口感，就成了大厨们必须思考的问题。

东江豆腐是很经典的一道粤菜，口感较为浓郁厚重，口味重的人爱不释口，但是对于口味淡的食客来说就有点过头。细心的粤菜师傅将食材替换成鲜甜的蟹肉，料头也略微变化，便成就了鲜香适口的蟹肉烩豆腐，口味得到了升华，让单纯的豆腐再一次焕发出迷人的光彩。豆腐质地柔嫩，制作过程中操作不小心的话很容易烂，虽然不影响口感，但是形象上就打了折扣。粤菜是讲求精致的，粤菜师傅认真地对待每一道经手的菜品，一丝细节都不会放过，他们绝对不允许这样的事情发生。所以豆腐在改刀切丁之后，一定要放到盐水里浸泡，这个步骤能使豆腐形整不烂，而柔嫩的口感一点都不会受到影响；况且豆腐不太容易入味，这

样一来还可以增加豆腐的底味，帮助后续味道的融入。葱末、姜末一定要完全爆香，以掩盖蟹肉的腥味，姜也可以适量多放一点儿，蟹肉性寒，生姜正好可以祛除寒气以免有损身体。最后勾芡的时候，芡可以略厚一点儿，最后的成品会十分黏稠，吃到嘴里绵柔细腻，老人小孩儿都很适合吃。

蟹肉烩豆腐体现了粤菜师傅对食物的虔诚，我相信食物也是有感情的，食物也有感知的能力。从粤菜馆的后厨到普通家庭的小厨房，每一个"庖丁"认真对待手中的食物，用心为所爱的人、重要的人做一顿家常的饭菜，真的是件很美好的事。食物尽管身材小小，在我们的手中却有着无限的潜能。

说到既有创意又极具人气的豆腐菜，就不能不提韭菜煎豆腐。说起韭菜，不由得想起小时候的趣事，由于韭菜、大葱、蒜苗这些都是碧绿细长的，那时候总也分不清谁是谁，闹了不少的笑话。韭菜有一种强烈的气味，吃过之后久久不能散去，满嘴都是那个味儿，跟人说话，对方立马就能知道你上顿吃的什么，有时候也挺尴尬的。韭菜最常见的家常搭配应该就是韭菜炒鸡蛋了，鸡蛋独有的一点点腥味正好可以遮掩一下韭菜的味道，让它稍微平和一点，不至于那么冲。把韭菜和豆腐放在一起这件事情有点新奇，但是口感还不错，寡淡的豆腐能把韭菜的刺激味道适当地中和。当然，豆腐一定要用油煎过，油煎过的豆腐味道更加饱满，单纯豆腐的话可完全压不住韭菜的气场，一不小心就会沦为配角了。

韭菜自古就享有"春菜第一美食"的名誉，虽然是常年绿叶菜，但春天的韭菜却格外的娇嫩鲜甜。春和景明的时节，掐几绺油绿的韭菜，捧一块清白的豆腐，抛开味道不说，外观还是足够小清新的，正符合春天清爽浪漫的气质。韭菜从鸡蛋的严密包裹中挣脱，转身投入到豆腐温柔的怀抱，从韭菜鸡蛋到韭菜煎豆腐，从主角变成配角，却完全没有失了自己的个性，仍然浓烈地表达着自己的态度，或许正是这种态度让更多的人爱上它的味道。

古希腊的"万能药"：
腐乳高丽菜

高丽菜就是我们常说的卷心菜，因为含有大量的维生素C，在世界卫生组织推荐的最佳食物中排名第三。在古希腊和古罗马，人们视它为"万能的神药"，足见卷心菜的营养和药用价值。用中国特有的腐乳酱，搭配有着欧洲血统的高丽菜，有种中西合璧的和谐，顺入口中的咸辣香瞬间被大量的水分荡涤，有种说不出的"过瘾"。

材料 Ingredient

卷心菜	300克
红辣椒	1个
蒜	1瓣

调料 Seasoning

麻油腐乳	20克
（辛辣口味）	
水	45毫升
白糖	1/3小匙
白酒	15毫升

做法 Recipe

1. 卷心菜洗净，撕成片状；蒜去膜，切成片状；红辣椒洗净切成片状，备用。

2. 将所有调味料混合调匀，备用。

3. 热一锅，加入1大匙色拉油，以中火将蒜片炒香，再依次加入红辣椒片、卷心菜，继续以中火拌炒，最后倒入调味料，转大火拌炒均匀收干即可。

小贴士 Tips

+ 卷心菜有绿色和紫色两种，绿色的适合用来快炒，紫色的味道较苦，用于生菜食用。

+ 加入少许白糖是为了吃起来有回甘，能综合部分腐乳的辛辣味。

食材特点 Characteristics

卷心菜：又名高丽菜，原产自欧洲地中海地区，富含维生素C、维生素B₁、叶酸和钾。多吃卷心菜还可增进食欲、促进消化、预防便秘。

麻油腐乳：融入了天然辛料和香油，口味鲜浓，适宜作为多水分蔬菜的调味料。

岁月里的老情怀：

咸鱼鸡粒豆腐煲

这是一道地道的广东菜，是广东人一直无法割舍的老家情怀。广东人喜欢咸鱼是出了名的，经常看港剧，一定常常能看到他们毫不掩饰的喜欢和熟悉。咸鱼以前是穷苦人的食物，它见证了时代的变迁，也伴随着他们走过了最艰苦的岁月。咸鱼鸡粒豆腐煲，有着浓浓的乡愁，更有暖暖的希望，值得一品。

材料 Ingredient

板豆腐	2块
去骨鸡腿肉	150克
咸鱼肉	50克
蒜末	1/2茶匙
葱花	1茶匙
水淀粉	2茶匙

调料 Seasoning

蚝油	2茶匙
白糖	1/2茶匙
白酒	1茶匙
胡椒粉	1/4茶匙
香油	1茶匙
高汤	150毫升

做法 Recipe

1. 将板豆腐洗净，切成立方丁；将去骨鸡腿肉洗净，切丁，加入少许盐和淀粉（材料外）腌渍；咸鱼肉切段，备用。

2. 热一锅，放入适量色拉油，先放鸡丁，炒至变白后盛起，随后放入蒜末和咸鱼肉段，略微拌炒盛起，将咸鱼肉切碎。

3. 继续于锅中加入所有调味料和板豆腐丁、鸡肉丁，以小火煮约3分钟，淋入水淀粉勾芡，并撒上咸鱼肉粒和葱花即可。

小贴士 Tips

+ 鸡肉粒要先腌渍，再过油煎炒，口感不容易干涩。

+ 这道菜的关键在于咸鱼的选择，广州咸鱼以马友著名，有浓烈而特别的香气。鱼肉切成段后油炸，再取出切碎，可以让鱼肉更香脆。

+ 勾芡时要转小火，才不会结块。

食材特点 Characteristics

咸鱼：是以盐腌渍后晒干的鱼。咸鱼的味道鲜美，营养价值丰富，并且易于储存。但需注意的是，少量食用咸鱼问题不大，长期食用则可能患鼻咽癌。

蚝油：蚝油由牡蛎熬制而成，素有"海底牛奶"之称，除了含有丰富的微量元素和氨基酸，锌元素的含量尤其高，是缺锌人士的首选。

黄金玉米煮豆腐

还记得第一次玩七色板的快乐吗？动一动指尖，五颜六色的童话世界，变幻莫测。你是不是还是如同当年，喜欢闭上眼睛，猜一猜下一个是城堡还是皮球。黄金玉米煮豆腐还给我们单纯的世界，那份天真在舌尖跳跃，像极了一个孩子的脸，单纯但有无限的可能。

材料 Ingredient

猪绞肉	50克
嫩豆腐	1盒
玉米粒	200克
葱	1根
胡萝卜	50克

调料 Seasoning

鸡粉	1小匙
香油	1小匙
盐	适量
白胡椒粉	适量
水	200毫升

做法 Recipe

1. 将嫩豆腐切成小丁状；玉米粒洗净，备用。
2. 将葱、胡萝卜均洗净，切成小丁备用。
3. 取一个小汤锅，加入1大匙色拉油，再放入猪绞肉、玉米粒、葱和胡萝卜，以中火爆香。
4. 接着放入切好的豆腐丁，再加入所有的调料，用中火煮约10分钟至入味即可。

小贴士 Tips

+ 豆腐可以生吃，所以不宜久煮，要最后再放。
+ 如果想使本菜口感更加嫩滑，可以在里面放一点水淀粉勾芡。

食材特点 Characteristics

玉米：在主食中营养价值最高，含有蛋白质、脂肪、胡萝卜素、维生素B_2等营养物质，可以预防心脏病，还能促进新陈代谢。

鸡粉：鸡粉不同于鸡精，它是真正含鸡肉成分的，而且功能和作用也不太一样。鸡精主要用于增加香味，而鸡粉主要用于增加鲜味。

想念海洋公园：

海鲜豆腐羹

记忆里有一个个彩色的梦，蓝色那一个，属于海洋公园。很多人，曾经在那里举起戒指，流着眼泪幸福地拥抱。也有很多人，在这里送给孩子们最新鲜的童话，那样无邪的笑，像铜铃一样。海鲜豆腐羹藏着海洋公园里最美好的回忆，每每吃一次，就像翻上一次属于海洋公园里的照片。

材料 Ingredient

板豆腐	1块
熟竹笋	80克
胡萝卜	30克
虾仁	30克
鲷鱼片	80克
蟹肉	20克
芥蓝菜梗	适量
鸡汤	600毫升
水淀粉	30毫升
葱花	5克

调料 Seasoning

盐	1茶匙
白糖	1/4茶匙
香油	1茶匙

做法 Recipe

1. 将熟竹笋剥去外皮，洗净，切成菱形；将胡萝卜洗净，去皮，切成菱形片；将板豆腐洗净，切成菱形；将芥蓝菜梗洗净，切成小片，备用。

2. 将虾仁、蟹肉、鲷鱼片均洗净，切成小块，入沸水汆烫后捞起沥干。

3. 取一锅，倒入已经备好的鸡汤煮滚，加入所有调料和熟竹笋、胡萝卜片、豆腐块、芥蓝菜梗片，以及虾仁、蟹肉、鲷鱼片，以小火煮滚。

4. 加入水淀粉勾芡，撒上葱花即可出锅。

小贴士 Tips

+ 将各种海鲜料先入沸水汆烫，可以去腥味，而且更容易和豆腐一起煮熟。

+ 鸡汤可以选择市场上现成的，方便又省时间。

食材特点 Characteristics

鲷鱼：富含蛋白质、钙、钾、硒等营养元素。中医认为，鲷鱼具有补胃养脾、祛风的功效，尤其适合食欲不振、产后气血虚弱者食用。

芥蓝：富含胡萝卜素和维生素C；并含有丰富的硫代葡萄糖苷，它的降解产物叫萝卜硫素，为抗癌成分，经常食用还有降低胆固醇、软化血管、预防心脏病的功能。

沉甸甸的历史：

京烧豆腐

烧豆腐并不是大菜，而是一道古老的街头小吃。2000多年前长平之战惨绝人寰，百姓憎恨白起，所以把豆腐当作"白起肉"煮了吃，以解心头之恨。如今烧豆腐在各地的做法各有不同，这道"京烧豆腐"除了浓浓的中国味，还添加了味噌，平添了几许异国风味，值得一尝。

材料 Ingredient	
板豆腐	1块
猪肉片	30克
笋片	50克
胡萝卜片	20克
鲜香菇	3朵
蒜末	5克
葱花	10克

调料 Seasoning	
味噌酱	1大匙
柴鱼酱油	大匙
米酒	30毫升
水	200毫升

做法 Recipe

① 板豆腐切小块；鲜香菇洗净，去蒂，表面刻花；猪肉片放入滚水中略汆烫，捞起备用。

② 热一锅，加入一大匙油，放入蒜末和肉片，以小火爆香，加入笋片、胡萝卜片、鲜香菇略炒均匀。

③ 再加入所有调味料及板豆腐块，以小火煮至滚沸后，继续煮约10分钟，最后撒上葱花即可。

人生若只如初见：

豆酱肉碎蒸豆腐

有人这样形容这道普通又熟悉的菜——平淡的日子里温暖地活着。豆酱肉碎蒸豆腐的朴实和惊喜如同初见恋人时的熟悉与心动，豆腐玲珑的白和肉末混合豆瓣酱摇曳的香，一切都在念想外，却又都在想象中，经不住要说一句：原来你也在这里。

材料 Ingredient

豆腐	2块
	（约200克）
姜	10克
红辣椒	10克
猪绞肉	40克
香菜碎	适量

调料 Seasoning

黄豆酱	2小匙

做法 Recipe

❶ 将豆腐洗净后放入蒸盘中；姜和红辣椒均洗净，切成末，放在豆腐上，备用。

❷ 将猪绞肉和黄豆酱拌匀，放在准备好的豆腐上。

❸ 取一砂锅，锅中放入适量水，再放上蒸架，将水煮至滚沸。

❹ 将准备好的蒸盘放入砂锅，盖上锅盖，以大火蒸约10分钟，最后撒上香菜碎即可。

温柔放不开:
百花豆腐肉

繁杂的生活，浮躁的气息，似乎很久没好好去做一道菜了。记忆中细腻的口感是豆泥与肉馅的结合，荤素相契，营养均衡。最后在金黄色的咸香味道里忘却身边的一切，只有那抹温柔在记忆里放不开、抛不掉。西蓝花的点缀更是带来一股清新的风，带你回到没有纷扰的最美时刻。

材料 Ingredient

老豆腐	1块
猪肉馅	100克
咸鸭蛋黄	40克
鸡蛋清	2大匙
姜末	20克
葱花	20克
西蓝花	适量

调料 Seasoning

盐	1/2小匙
酱油	2大匙
白糖	2小匙
淀粉	2大匙

做法 Recipe

① 将咸鸭蛋黄切粒，备用。

② 将老豆腐汆烫沥干，并用小勺压成泥状，备用。

③ 将猪肉馅加盐搅拌至有黏性后，再加入酱油、白糖及鸡蛋清拌匀，接着加入姜末、葱花、淀粉、老豆腐泥混合拌匀。

④ 最后加入咸鸭蛋黄粒拌匀，备用。

⑤ 取一碗，碗内抹适量油，将拌匀的材料放入碗中抹平，再将碗放入电锅内锅中，外锅加1杯水，盖上锅盖，按下开关，蒸至开关跳起后取出，倒扣至盘中，最后以汆烫后的西蓝花装饰即可。

小贴士 Tips

➕ 患有心血管病和肝肾疾病的人，要少吃咸鸭蛋。

论鲜谁与争锋：
蟹肉烩豆腐

相传大禹治水时，一位壮士恼于螃蟹对工程的侵扰，遂设法将其烫死，又见它即刻周身通红，阵阵鲜香，于是大着胆子掰开壳咬了一口。自此，第一个吃蟹之人就让这人人畏惧的"害虫"成了家喻户晓的美食。而今，用蟹类搭配的菜肴依然备受青睐，就比如这道蟹肉烩豆腐，单是这鲜极百倍的浓郁汤汁，就能让你吃下两大碗米饭。

材料 Ingredient

冷冻蟹肉	1盒
板豆腐	2块
姜末	1茶匙
葱末	1/2茶匙
葱丝	20克
高汤	200毫升

调料 Seasoning

盐	1茶匙
胡椒粉	1/2茶匙
香油	1茶匙
水淀粉	1大匙

做法 Recipe

1. 将板豆腐剖半，再切成四方丁，泡入热盐水中3分钟，取出沥干。

2. 取一锅，加入适量的水，待水滚沸后，放入冷冻蟹肉，以小火煮约3分钟后捞出。

3. 另热一锅，倒入适量色拉油，加入姜末、葱末以小火炒香。

4. 续加入高汤、除水淀粉外的所有调料、豆腐丁及蟹肉，以小火煮约3分钟，再以水淀粉勾芡，最后撒入葱丝即可。

小贴士 Tips

+ 如果不喜欢冷冻的蟹肉，也可以买回螃蟹自己拆蟹肉。将蒸熟的螃蟹立即放入冰箱的冷冻室冷冻10分钟，因为热胀冷缩，会让蟹肉紧实易脱壳。

食材特点 Characteristics

香油：又称芝麻油，能润肠通便，有效补充维生素E、铁、钙等营养元素。在孕期和哺乳期的女性多吃香油可促进新陈代谢。

水淀粉：淀粉在和水加热至60℃时，会糊化成胶体溶液。勾芡就是利用淀粉的这种特性，使蔬菜间接受热，以保护食物的营养成分并改善口味。

跨越中西的爱恋：
煎黑胡椒豆腐

如果说豆腐是中国传统食品的独特代表，黑胡椒是西式餐饮的经典调料，那么二者的结合可谓中西合璧的无上奇妙。一边是黑胡椒的辛辣气息掩饰了豆腐的些许豆腥味，另一边是清香的豆香气在黑胡椒的浓郁衬托下，更加鲜香入里。这两股东西方的气息相互萦绕在一起，伴随着外焦里嫩的绝佳口感，开启了一场跨文化的浪漫美食之旅。

材料 Ingredient

板豆腐	1块
葱	适量
红辣椒	适量

调料 Seasoning

粗黑胡椒粉	1/2茶匙
盐	1/2茶匙

做法 Recipe

1. 将板豆腐洗净，切厚片，抹上盐；葱洗净，切丝；红辣椒洗净，切末。
2. 热一锅，倒入少许色拉油，放入豆腐片，煎至表面金黄酥脆。
3. 撒上粗黑胡椒粉与红辣椒末，再稍煎一下，撒上葱丝即可。

小贴士 Tips

+ 如果担心板豆腐在煎时会碎掉，可以事先用盐水焯一下切好的豆腐。注意要将焯好的豆腐平放在盘子里，并防止粘连。
+ 煎豆腐时火不宜过小，以防豆腐吸油导致锅底无油而煎焦。如果锅底无油，也可添加少许水。

食材特点 Characteristics

红辣椒：维生素C、B族维生素、胡萝卜素以及钙、铁等矿物质含量丰富。食用红辣椒对心脏病患者有利；红辣椒还能刺激口腔黏膜、增强食欲、促进消化。

黑胡椒粉：由黑胡椒研末而成，味道比白胡椒粉更为浓郁。将之应用于烹调上，可使菜肴达到香中带辣、美味醒胃的效果。其主要用于烹制肉类和火锅。

爱在两心交融：

花生豆腐

花生豆腐分先天和后天两种，前者即将单纯的花生仁粉碎磨浆，将滤渣浆液煮拌至变白时，倒入豆腐盘架待冷却后即成；后者是将花生仁和豆腐两种食材一同碾碎，充分混合即成。纵然两者都能从舌尖体味到花生和大豆的结合之美，只是前者略显繁杂，后者却免除了前者的细琐，实在是懒人将美味混搭的不二妙法。

材料 Ingredient

熟花生仁	30克
板豆腐	200克

调料 Seasoning

盐	1/4茶匙
胡椒粉	1/4茶匙
面粉	1/4茶匙
淀粉	1/4茶匙

做法 Recipe

1. 将熟花生仁切碎；将板豆腐洗净，压成泥状，沥干去除多余水分；将花生碎和豆腐泥混合，加入所有调料拌匀，备用。

2. 将花生豆腐捏成圆饼状，备用。

3. 热一锅，锅中放入少许色拉油，放入花生豆腐饼，以小火煎熟，最后用香菜叶装饰即可。

小贴士 Tips

- 也可以选择香辣花生或者麻辣花生。
- 用花生仁粉碎磨浆制成的单纯的花生豆腐也被称为番豆腐，其口感细腻、滑爽，营养价值颇高，可生吃也可熟食。

食材特点 Characteristics

花生仁：不但含有丰富的脂肪、蛋白质、碳水化合物，而且还含有多种维生素和矿物质。熟花生仁和生花生仁的营养成分基本差不多，只是吃多了更容易上火。

盐：盐除了具有调味功能，还能为人体提供大量的钠，钠能促进蛋白质和碳水化合物的代谢、神经脉冲的传播以及肌肉收缩。

五彩大素斋：

豆腐松

老话讲得好："鱼生火，肉生痰，白菜豆腐保平安。"可见，豆腐和素食对人的健康裨益良多。这道含有什锦蔬菜的豆腐松便是不可错过的经典素食佳肴。当红红绿绿、色彩缤纷的菜碎点缀在嫩黄的豆腐之间，此刻，映入眼帘的是可餐秀色，品入口中的是营养良多，徘徊脑海的是对五彩生活的尽情畅想，响彻心扉的是对人生五味的任性洒脱。

材料 Ingredient

百页豆腐	2块
	（约160克）
鲜香菇丁	2朵
竹笋丁	60克
熟胡萝卜丁	40克
芹菜碎	20克
花生仁碎	20克
生菜叶	6片

调料 Seasoning

酱油	1大匙
水	适量
盐	适量
白糖	适量
水淀粉	适量
香油	适量

做法 Recipe

1. 将百页豆腐洗净，切片，放入烧热的锅中，用少许色拉油煎至上色，捞起再切成小丁，备用。

2. 锅烧热，倒入少许色拉油，炒香鲜香菇丁和百页豆腐丁，再加入竹笋丁和熟胡萝卜丁同炒，再加入所有调料炒匀。

3. 盛出后撒入芹菜碎和花生仁碎，最后在食用时搭配生菜叶即可。

小贴士 Tips

+ 出锅前还可加些葱花，能增加香味。

食材特点 Characteristics

竹笋：是竹的幼芽，也称为笋。竹笋富含膳食纤维，能促进肠胃蠕动、去积食、防便秘，是肥胖者减肥的好食品。此外，竹笋还具有清热消痰、消渴益气等功效。

生菜：原产于欧洲地中海沿岸，味道微苦，有清热提神、镇痛催眠、降低胆固醇、辅助治疗神经衰弱等功效。因含有甘露醇等成分，还能促进血液循环。

珍惜春之香：

韭菜煎豆腐

南齐文人周颙有句名言，"春初早韭，秋末晚菘"，这"韭"即是韭菜。论食用韭菜，初春时节的韭菜品质最佳，有"春食则香，夏食则臭"之说。趁着春光明媚，不妨试试这道韭菜煎豆腐。当韭菜独特的辛香飘满厨房，跃跃欲试的食客们，定会用陶醉的眼神，心领神会，彼此相望，这是春季里韭菜才有的鲜之味，也是只属于春天的一抹浓香。

材料 Ingredient

韭菜	50克
蛋豆腐	1盒
鸡蛋	1个
面粉	20克

调料 Seasoning

盐	1/8茶匙

做法 Recipe

1. 将蛋豆腐洗净，分切成6片；将韭菜洗净，切末，备用。
2. 将鸡蛋打入碗中，搅散，再加入盐及韭菜末搅拌均匀，备用。
3. 将切好的蛋豆腐片沾上面粉，再均匀地沾裹上一层搅好的鸡蛋液，备用。
4. 热一锅，倒入2大匙色拉油烧热，再将备好的蛋豆腐片放入锅中，以小火煎至两面呈金黄色即可。

小贴士 Tips

+ 如果有没有吃完的韭菜，可用纸将未沾水的韭菜包起来，再装进塑料袋中，放入冰箱冷藏，能保存一周左右。

食材特点 Characteristics

面粉：是由小麦磨成的粉末，也是我国北方地区的主食。按其中蛋白质含量的多少，面粉可分为无筋面粉、低筋面粉、中筋面粉和高筋面粉等。

韭菜：韭菜含有挥发性精油及硫化物等特殊成分，所以才能散发出一种独特的辛香气味。韭菜具有疏调肝气、增进食欲的功效。

百花酿豆腐

把虾和豆腐幻化成奇妙组合的，就是这道著名的苏菜——百花酿豆腐。苏菜中的分支淮扬菜，亦被称为国菜。正如国菜的特点，它风味清鲜，浓而不腻，酥松脱骨而又不失于形。相传当年乾隆下江南时，前往苏州得月楼，尝到此等美味后赞不绝口。经过千百年的改良，如今，百花酿豆腐早已成为家宴中不可缺少的一抹芬芳。

材料 Ingredient	
板豆腐	2块
虾仁	适量
淀粉	1茶匙
鸡蛋	1/2个
（取蛋清）	
葱花	1茶匙

调料 Seasoning	
A：	
盐	1茶匙
白糖	1/4茶匙
胡椒粉	1/4茶匙
香油	1茶匙
B：	
香油	1茶匙
和风酱油	1大匙

做法 Recipe

❶ 将板豆腐洗净，平均切成8等份；将虾仁洗干净，用纸巾吸干水分，拍成泥备用。

❷ 将虾泥加入盐，摔打至黏稠，加入淀粉、鸡蛋清以及所有调料A，搅拌均匀成虾泥馅。

❸ 将切好的豆腐块中间挖取一个小洞，将虾泥馅挤成球形，沾上适量的淀粉（材料外），填入豆腐洞里，稍微捏整后放入锅内，蒸熟后取出。

❹ 食用前，淋上所有调料B，并撒上葱花即可。

炎夏开胃小食：

酸辣蒸豆腐

每到炎炎夏日，总会有几天没有食欲，全身乏力。酸辣蒸豆腐的灵感一定来自某个夏天，它酸中略带甘甜，微微的辣意刺激起麻痹的神经触觉，微汗的感觉最淋漓。清淡温和的豆腐又中和了调味料的浓烈，既爽口又不乏味，用江南人的词形容它的好吃，叫作"落胃"。

材料 Ingredient		调料 Seasoning	
A:		辣椒酱	适量
板豆腐	2块	白糖	1小匙
葱末	10克	梅子醋	1/2大匙
B:		白酱油	1/2大匙
蒜末	15克	盐	适量
辣椒末	15克		
洋葱末	15克		

做法 Recipe

① 将板豆腐洗净，抹上适量盐，然后放入蒸盘备用。

② 将所有材料B和调料混合搅匀成淋酱，备用。

③ 将淋酱淋在板豆腐上，然后放在已经煮沸的蒸笼中蒸10分钟，蒸熟后取出，撒上葱末即可。

心中自有黄金屋：

客家酿豆腐

作为客家三大名菜之一，酿豆腐常在逢年过节时用来招待宾客。传说迁徙后的中原客家人因思念北方，而岭南产麦较少，只好用豆腐来替代面粉，将肉塞入其中，倒也像是北方的饺子了。就如同客家人坚韧的外表下柔软而充实的内心，在四季的更替下散发着不变的魅力。

材料 Ingredient

材料	
老豆腐	2块
葱	10克
猪肉馅	300克
蒜	2瓣
红辣椒	1个
姜	25克
淀粉	适量
水淀粉	适量
葱碎	适量
红辣椒碎	适量

调料 Seasoning

调料	
蚝油	1大匙
水	500毫升
盐	适量
白胡椒	适量
香油	1小匙
白糖	适量
鸡精	1小匙

腌料 Marinade

腌料	
香油	1小匙
盐	适量
白胡椒	适量
水淀粉	适量
酱油	1小匙

做法 Recipe

1. 将葱、蒜、红辣椒、姜均洗净，切碎，再与腌料和猪肉馅一起搅匀；将猪肉馅摔打出筋，备用。

2. 将老豆腐每块对切，再在每片豆腐中间挖一个小洞，洞内抹少许淀粉，将肉馅轻轻塞入洞口中。

3. 将豆腐摆入盘中，再放入电锅的内锅中，外锅加1杯水，蒸约15分钟。

4. 取炒锅，放入所有调料以中火煮开，用水淀粉勾芡成酱汁，淋入蒸好的豆腐上，最后撒上少许葱碎、红辣椒碎装饰即可。

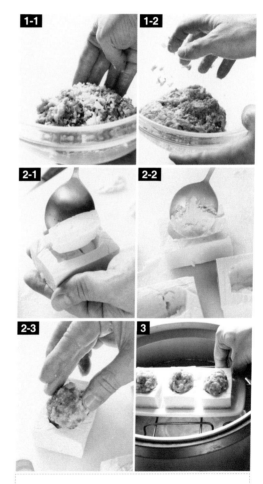

小贴士 Tips

+ 肉馅要调得稍微咸一些，这样酿在豆腐里才不会觉得淡。

而今迈步从头越：
回锅豆腐

"回锅"是川菜中流行的一种做法，即重新烹调已熟的食品。据说，回锅菜的寓意是忘掉过去，获得新生，有迎接未来美好生活的暗示。如此看来，回锅菜实在是适合失意人生的安慰剂。如果你刚好跌入人生的低谷，不妨试试这道回锅豆腐，相信这爽口的豆腐正预示着你触底后的反弹，这四溢的飘香将点燃你全新的希望。

材料 Ingredient

板豆腐	2块
青辣椒	30克
蒜	适量

调料 Seasoning

韩式辣椒酱	1大匙
水	1/2杯
白糖	1/2茶匙
盐	1/2茶匙
橄榄油	1茶匙

做法 Recipe

1. 将青辣椒洗净，切块；板豆腐洗净，切小块；蒜洗净，切片备用。

2. 取一不粘锅，倒入适量油，以小火爆香蒜片，然后加入板豆腐块，将其煎成金黄色，备用。

3. 取一炒锅，烧热，加入所有调料拌匀，加入备好的板豆腐拌炒，待煮至汤汁略收后，放入青辣椒片炒匀即可。

小贴士 Tips

+ 煎板豆腐的时候油温要够热，在板豆腐的表面抹上盐，煎的时候会不容易粘锅。

+ 回锅肉是川菜经典，食者甚众，所以在其基础上又演变出一些别有风味的回锅菜，回锅豆腐就是其中之一。

+ 如果觉得韩式辣椒酱不对口味，也可以换成正宗的郫县豆瓣酱和豆豉，这样制成的菜肴会更加接近传统的口味。

食材特点 Characteristics

橄榄油：是由新鲜的油橄榄果实直接冷榨而成，不经加热和化学处理，保留了天然营养成分，被认为是迄今所发现的最适合人体营养的油脂。

韩式辣椒酱：是一种用辣椒、苹果和大蒜为原料制成的辣酱，用途广泛。刚做完的韩式辣椒酱呈红色，随着发酵时间越久，颜色越深，味道也越香醇。

化平凡为神奇：
香煎豆腐饼

很多人都认为豆腐过于清淡，其实，只要加入合适的配料并经过悉心调制，豆腐也可以成为浓香可口、艳惊四座的高人气菜品。比如这道香煎豆腐饼，爽脆的小黄瓜让嫩软的豆腐变得饶有嚼头，清香的胡萝卜让平淡的豆腐平添一抹异香，加上鸡精、白胡椒粉的重口味坐镇，这平凡中的点点惊奇，一定能成为你技惊四座的招牌美食菜。

材料 Ingredient

板豆腐	1块
胡萝卜	10克
小黄瓜	10克

调料 Seasoning

酱油	1茶匙
鸡精	1茶匙
白胡椒粉	1茶匙

做法 Recipe

1. 将胡萝卜洗净，去皮，切丝；将小黄瓜洗净，切丝，备用。

2. 取一容器，将板豆腐捣碎，再加入胡萝卜丝、黄瓜丝和所有调料拌匀。

3. 再将豆腐泥整形成长方形的饼状。

4. 热一锅，倒入少许色拉油，放入豆腐饼，以中小火煎至两面金黄酥脆即可。

小贴士 Tips

+ 给豆腐饼翻面煎的时候可以用手帮忙，能避免豆腐饼形状被破坏。

+ 如果觉得还不够味，可以在豆腐泥中加入葱末、培根碎和糯米粉，这样制成的菜品会更有味，口感也更软糯。

+ 吃时还可以配上辣椒酱，这样不会感到油腻。

食材特点 Characteristics

酱油：现在的酱油主要是由大豆、小麦和盐等经酿制而成的，一般有老抽和生抽两种：生抽较咸，用于提鲜；老抽较淡，用于提色。

白胡椒粉：是由白胡椒和生粉为主要原料制成的粉末状调味料。白胡椒粉具有增进食欲、促发汗的功效；还可以改善女性白带异常及癫痫症。

思念阿里郎：

泡菜油豆腐

相传，韩国泡菜是在三国时代由中国传入的，后来"辣椒腌制法"凭借可去腥增色、增加食欲的功效，逐渐取代了中国的"盐腌制法"。而今，泡菜作为韩料经典食材，其酸甜之味调和各种生鲜均是美味，其辛辣之感搭配各种荤素都有惊喜。当你品味这传统佳肴时，眼前或许会浮现那亘古的历史，纵横捭阖，每个篇章都凝结着古人智慧的结晶。

材料 Ingredient

韩式泡菜	200克
四方油豆腐	1块
（约120克）	
猪五花肉片	120克
姜片	10克
蒜片	30克
水	适量

调料 Seasoning

盐	适量
白胡椒粉	适量

做法 Recipe

1. 将四方油豆腐平均切成6小块，备用。
2. 将韩式泡菜切成大块，备用。
3. 锅烧热，倒入适量色拉油，炒香姜片和蒜片，再放入猪五花肉片同炒。
4. 放入韩国泡菜块、油豆腐块和适量水，以中火一起焖煮，最后加入适量的盐和白胡椒粉调味，煮至汤汁略干即可。

小贴士 Tips

+ 如果是自制韩式泡菜，那么最好使用黄心蓬松一些的白菜，因为黄心白菜甜味充足，蓬松一些则比较好喂料入味。

食材特点 Characteristics

韩式泡菜：韩式泡菜开胃、易消化，既能提供充足的营养，又具有预防动脉硬化、降低胆固醇、消除多余脂肪等多种功效。

五花肉：以腹前部分为上选，次之为接近猪后臀尖的部位。五花肉含有丰富的蛋白质、卵磷脂及较多的B族维生素，但脂肪含量高，故肥胖和高脂血症患者应少食。

纵享激情四射：

辣味炒油豆腐

对于无辣不欢的食客来说，若想要一尝豆腐之美，唯有辣椒伺候。这道辣味炒油豆腐就是经典中的经典，听着热油中哧哧喷香的椒片，望着热情的辣椒拥抱着娇嫩的豆腐，就让激情燃烧在这美好的岁月里，就让舌尖定格在这火辣的余香中。此刻，不必担心被这激扬的温度灼伤，因为那是热爱生活的赤子之心，尽情享受着生活的一米阳光。

材料 Ingredient

厚片油豆腐	5块
葱	适量
蒜	适量

调料 Seasoning

酱油	2大匙
白糖	1大匙
粗辣椒粉	3克

做法 Recipe

① 将厚片油豆腐入沸水中汆烫去油，捞起后各切成4小块，备用。

② 将葱洗净，切段；将蒜洗净，切片。

③ 将锅烧热，倒入色拉油，放入蒜片和粗辣椒粉，以小火炒香，再加入葱段和酱油、白糖拌炒均匀。

④ 续放入油豆腐块，充分拌炒至入味即可。

小贴士 Tips

⊕ 喜欢吃肉的可以放些猪肉一起炒。

⊕ 也可以加入些尖椒一起拌炒，这样会使菜肴的辣味更自然。

⊕ 口味重的食客还可以在菜中再加些盐和味精提味。

食材特点 Characteristics

辣椒粉：辣椒粉是红色或红黄色、油润而均匀的粉末，是由红辣椒、黄辣椒、辣椒籽及部分辣椒杆碾细而成的混合物，其强烈的香辣味能刺激唾液和胃液的分泌，有增强食欲的效果。

秋日离别物语：

茄烧豆腐

民间有谚，"秋后的茄子赛砒霜"，这是说秋天之后茄子往往变老，茄子中有一种叫茄碱的物质会陡增，它不仅会刺激胃肠道，还能麻醉呼吸中枢，摄入量高时极易发生中毒。相对而言，少量的茄碱却具有抗氧化和抑制癌细胞的作用，所以不妨赶在秋日来临前一品茄烧豆腐的美味，在对的时间和对的人一起，做这件于自己对的事。

材料 Ingredient

有机豆腐	1盒
茄子	1个
蒜末	10克
姜末	10克
红辣椒块	15克
高汤	100毫升
罗勒叶	适量

调料 Seasoning

蚝油	1茶匙
盐	1/4茶匙
鸡精	少许
白糖	1/4茶匙
料酒	1/2大匙

做法 Recipe

1. 将有机豆腐洗净，切块；将茄子去蒂，洗净，切段备用。

2. 取一油锅，将茄子段放入油温约160℃的油锅中炸至变色且微软，捞出沥油，备用。

3. 锅留余油，放入蒜末、姜末和红辣椒块以中火爆香，再放入有机豆腐块、备好的茄子段和高汤煮约1分钟，最后加入所有调料和罗勒叶，以小火轻轻拌煮至入味即可。

小贴士 Tips

+ 将茄子表皮用清水冲净之后，再将其切成所需形状，之后用小盆盛上适量水，并在其中加上少许盐，将切好的茄子放入其中，用手抓洗几分钟后捞出，并将其中的黑水挤出，再放入清水中漂去盐水，捞出控干后便可进行烹饪。

食材特点 Characteristics

茄子：吃茄子最好不要去皮，因为茄子皮里面含有B族维生素，而B族维生素有利于人体对于维生素C的吸收。

鸡精：是在味精的基础上加入化学调料制成的，由于所含的核苷酸带有鸡肉的香味，故称鸡精。在烹调菜时适量使用鸡精，能提高食物的香味。

懒人肉食大法：

肉酱炒油豆腐

肉酱的历史可谓源远流长，《周礼》中就有关于它的记载。事实上，用肉酱配菜不仅口味绝佳，而且提前完成的烹肉过程，为现时菜肴的烹制节约了宝贵时间，实在是置身快节奏社会中肉食者厨房的必备良品。当你正品尝这以白驹过隙之速度出锅儿的肉酱炒油豆腐时，定会大赞：别看快，美味可不打折。

材料 Ingredient

肉酱罐头	1罐
三角油豆腐	300克
蒜苗	1根
红辣椒	1个
蒜末	10克
高汤	150毫升

调料 Seasoning

盐	适量
鸡精	1/4茶匙
白糖	1/4茶匙

做法 Recipe

1. 将三角油豆腐放入沸水中氽烫，捞起沥干，备用。

2. 将蒜苗洗净，切末；红辣椒洗净，切圈，备用。

3. 热锅，放入2大匙色拉油烧热，以中火爆香蒜末，再放入肉酱拌炒至香味四溢，加入三角油豆腐拌炒，再加入高汤以小火煮10分钟。

4. 最后放入蒜苗末、红辣椒圈以及所有调料，以中火炒至入味即可。

兼容并蓄大美者：

香料炸豆腐

据说在20世纪中期，来自中国的豆腐还不为西方国家所熟知，但随着中西文化的日渐交流，素食主义蔚然成风，到20世纪末期，豆腐在西方已被广为食用。香料炸豆腐就是在如此大环境下，中为洋用，应运而生的。或许此刻，你会陡然发现豆腐所蕴含的包容之美，即煎炒烹炸均美味，中餐西餐总相宜。

材料 Ingredient

蛋豆腐	1块
	（约160克）
中筋面粉	30克
鸡蛋液	适量
面包粉	100克
意大利香料	5克

调料 Seasoning

蛋黄酱	80毫升
蜂蜜	10毫升
芥末酱	30毫升

做法 Recipe

① 将面包粉与意大利香料拌匀，备用。

② 将蛋豆腐平均切成3块正方块，依序沾上中筋面粉、鸡蛋液和备好的面包粉，再放入油锅中炸至金黄，捞起摆盘，备用。

③ 将所有调料调匀，最后淋至炸好的豆腐上即可。

摇摆的御膳：
豉椒炒臭豆腐

臭豆腐距今已有数百年的历史，其最风光的时代可追溯到清宣统年间，慈禧太后赐名"青方"，使得臭豆腐立即名扬天下。现如今，臭豆腐依然是美食界的奇葩，恨他的人敬而远之，爱他的人欲罢不能。其实，臭豆腐闻起来臭，但是吃起来却很香，如果你能闯过"闻香识物"的第一关，说不定就会对它一见钟情，无以复加。

材料 Ingredient

豆豉	10克
青辣椒块	30克
红辣椒块	30克
臭豆腐	2块
	（约240克）
葱花	20克
姜末	5克
蒜末	10克

调料 Seasoning

A:
酱油	25毫升
水	适量
料酒	10毫升
白糖	10克
白胡椒粉	适量
香油	适量

B:
水淀粉	适量

做法 Recipe

1. 将臭豆腐切成四方块，放入热油锅中，炸至金黄后捞起，备用。

2. 锅中留余油，炒香蒜末、姜末和豆豉，再加入青辣椒块和红辣椒块拌炒。

3. 续加入所有调料A（除香油外）伴匀，再放入炸过的臭豆腐拌炒。

4. 再以水淀粉勾芡，淋上香油，最后撒上葱花即可。

小贴士 Tips

+ 调料用量可根据臭豆腐的咸淡与自身口味调节。

+ 在将青辣椒、红辣椒切块之前，应先将二者洗净，并去蒂、去籽。

食材特点 Characteristics

青辣椒：青辣椒辣味较淡，果肉厚而脆嫩，维生素C含量丰富，具有消食、减肥、发汗解表、消炎止痛的功效。

臭豆腐：各地臭豆腐的制作以及味道均差异很大，但总的特点都是闻起来臭而吃起来香。其具有和脾胃、消胀痛、下大肠浊气的功效。

经典再升级：

麻婆金针菇豆腐

麻婆豆腐可谓川菜中的经典菜品，相传此菜是由清同治年间一个小饭店老板娘陈刘氏所创，因为她脸上有麻点，人称陈麻婆，她发明的烧豆腐遂称为"麻婆豆腐"。而今，陈麻婆的菜品也被与时俱进地推出众多改良版，这道麻婆金针菇豆腐即是其一。当麻辣的豆腐配上劲道的金针菇，不妨大肆品尝美味的升级，感受坚持追求的不忘初心。

材料 Ingredient

金针菇	100克
嫩豆腐	1块
黑珍珠菇	50克
葱花	适量
蒜末	适量
姜末	适量

调料 Seasoning

辣豆瓣酱	1/2大匙
甜面酱	1大匙
酱油	1大匙
味啉	1大匙

做法 Recipe

1. 将金针菇洗净，去蒂，切小段；将嫩豆腐切粗丁；将黑珍珠菇洗净，切小段，备用。

2. 热一锅，倒入适量色拉油，放入姜末、蒜末炒香，再加入所有调料煮沸。

3. 续加入嫩豆腐丁、金针菇段、黑珍珠菇段烧煮至入味，最后撒上葱花即可。

小贴士 Tips

+ 豆腐下锅后尽量不要搅拌，如果必须搅拌一定要从锅边下手，以免将豆腐弄碎。

+ 一般来讲，将嫩豆腐切成2厘米左右的小方块即可。

+ 如觉得本菜太素，也可以像麻婆豆腐那样放些肉末进去。

食材特点 Characteristics

黑珍珠菇：珍珠菇又称滑子菇、滑菇，原产于日本，不仅味道鲜美，营养丰富，而且附着在珍珠菇菌伞表面的黏性物质是一种核酸，对保持人体的精力和脑力大有益处。

苦瓜炒豆腐

中国传统文化认为，食素能够清心寡欲，益寿延年。现代科学研究表明，素食确实有助于人头脑的清醒。一时间，这道苦瓜炒豆腐仿佛满足了所有标准的需求所在。当苦瓜的爽口配上豆腐的清淡，两者相互既无交割，亦无牵连，只是静静地将你的思绪沉淀。再望一眼这"点点白玉、丝丝碧绿"，你是否已恢复了思路敏捷，浮想联翩？

材料 Ingredient

苦瓜	250克
板豆腐	1块
泡发黑木耳	30克
鸡蛋	1个
蒜末	10克
柴鱼片	适量
红辣椒丝	适量

调料 Seasoning

盐	1/4茶匙
味啉	1大匙
鸡精	适量

做法 Recipe

1. 将苦瓜洗净，去籽，刮除内侧白膜后切片，放入沸水中氽烫一下；将鸡蛋打散成蛋液；板豆腐洗净，切厚片，备用；泡发黑木耳洗净，切丝。

2. 热一锅，倒入适量色拉油，放入蒜末、红辣椒丝以小火爆香，再加入泡发黑木耳丝、板豆腐片及苦瓜片炒匀。

3. 加入所有调料炒匀，淋上鸡蛋液炒熟，起锅前撒上柴鱼片即可。

小贴士 Tips

- 完整的柴鱼块若能保持干燥可储存很久，一旦刨开则需加以冷藏保存。

食材特点 Characteristics

苦瓜：苦瓜中的苦瓜甙和苦味素能健脾开胃；所含的生物碱类物质——奎宁，有利尿活血、消炎退热、清心明目的功效。中医则认为，苦瓜还能益气解乏。

柴鱼：又称鲣节、木鱼，是金枪鱼科鲣鱼的烟熏制品，因熏制后硬如木头而得名。中医认为其有补髓养精、明目增乳的功效。

吃豆腐

虾仁烧豆腐

豆腐因其温润清淡的"好人缘"，每每和重口味食材一起烹制，都能非常"般配"。这道虾仁烧豆腐，就是以荤托素的家常代表菜品。当豆腐爽口的嫩滑，邂逅虾仁浓郁的海味，那协调的口感和滋味，是鲜，是香，是嫩，是吃上一口就能体味的幸福百倍，纵是心神不安，也能瞬间释怀。

材料 Ingredient

虾仁	150克
嫩豆腐	1块
小黄瓜	1/2根

调料 Seasoning

A:	
鸡蛋清	1/3个
盐	适量
胡椒粉	适量
料酒	1茶匙
淀粉	1茶匙
B:	
高汤	150毫升
鸡精	1/2茶匙
酱油	2滴
C:	
盐	适量
胡椒粉	适量
料酒	1茶匙
水淀粉	适量

做法 Recipe

1. 将嫩豆腐切成小块；将小黄瓜搓盐后洗净，用刀切成粗丁。
2. 将虾仁洗净，沥干，与调料A搅拌均匀，备用。
3. 锅中放适量色拉油，以小火烧热，放入小黄瓜丁略炒，然后盛起备用。
4. 将所有调料B倒入锅中，加入嫩豆腐略焖煮，放入虾仁以及调料C中的盐、胡椒粉、料酒拌匀，再以水淀粉勾芡，最后加入小黄瓜丁拌匀即可。

小贴士 Tips

+ 清理虾仁时需要把背上的沙线去除，用牙签在虾背处轻轻划开，就可以看到一根黑色的沙线，然后把这根黑线轻轻挑出来就行了。

食材特点 Characteristics

小黄瓜：小黄瓜中丙醇和乙醇含量居瓜菜类的首位，其主要作用是抑制人体内糖类转变为脂肪，有减肥的作用。小黄瓜还能清热止渴、利水消肿、清火解毒、降压祛脂、改善动脉硬化。然而，脾胃虚弱、腹痛腹泻、肺寒咳嗽者都应少吃，因小黄瓜性凉，体质虚寒者食之会使病情加重。

海底金包银：
南瓜蛋豆腐

想要普通的家常豆腐拥有高大上的面孔和营养丰富的内涵吗？这道南瓜蛋豆腐绝对是你想要的。这道看上去金灿灿的佳肴，既有高植物蛋白的豆腐，能补中益气；又有高膳食纤维的南瓜，可以养胃健脾；再加上富含丰富维生素和矿物质的海鲜小配料，这一道菜满足了人体日常多种营养所需，实在是全面又均衡的健康美味。

材料 Ingredient

南瓜	250克
蛋豆腐	1盒
墨鱼块	80克
虾仁	50克
鱼肉块	80克
蟹肉棒	3条
洋葱末	3大匙
高汤	600毫升
罗勒叶	适量

调料 Seasoning

盐	1.5茶匙
白糖	1/2茶匙
料酒	1茶匙

做法 Recipe

1. 将南瓜洗净，去皮，取出50克切丁，其余的蒸熟后捣成泥状。

2. 将蟹肉棒斜切成2等份，和墨鱼块、鱼肉块、虾仁一起放入滚水中氽烫，捞起沥干。

3. 将蛋豆腐切长方块，和南瓜丁一起放入油锅中炸至呈金黄色，捞起沥油。

4. 锅留余油，放入洋葱末炒软，加高汤、南瓜泥、所有调料、蛋豆腐块、南瓜丁一起煮3分钟，再加入做法2中的所有材料煮5分钟，最后撒入罗勒叶即可。

小贴士 Tips

+ 挑选南瓜时，如果是同样大小的南瓜，就挑选重的那一个，较重的南瓜成熟度更好。

食材特点 Characteristics

南瓜：含有丰富的类胡萝卜素，在体内可转化成维生素A，对维持正常视觉、促进骨骼的发育具有重要生理功能。

墨鱼：不但口感鲜脆爽口，还具有较高的营养价值和药用价值，是一种高蛋白、低脂肪的滋补食品，尤其适合减肥期间食用。

让爱温暖心房：

酱烤豆腐

中医认为，豆腐性凉味甘，虽有生津润燥、清热解毒的功效，但胃寒者和腹泻腹胀者却不宜多吃。由于豆腐中七成约为水分，所以用烤制的方法来烹饪，即可最大程度上抵消豆腐的寒性。不妨把这暖暖的烤豆腐，送给暖心的人。为身边的她送上这焦香阵阵，分享这外酥里嫩的美味，叩响那通往幸福的大门。

材料 Ingredient	
板豆腐	200克
蒜末	30克
姜末	15克
葱花	适量
红辣椒丝	适量
葱丝	适量

调料 Seasoning	
甜面酱	1大匙
豆瓣酱	1大匙
料酒	1大匙
水	1大匙
白糖	2茶匙
香油	1大匙

做法 Recipe

1. 将板豆腐洗净，切厚块，放至锡箔纸上。

2. 将蒜末、姜末及所有调料拌匀成酱料。

3. 烤箱预热至上下火200℃，板豆腐块放入烤箱中烤约5分钟，取出淋上酱料，再放入烤箱烤约5分钟至有香味，取出装盘，再撒上葱花、红辣椒丝和葱丝即可。

千古传承：

莲藕煮百页豆腐

相传，莲藕最早由古印度引进中国，距今已有3000多年的历史；而豆腐作为中华民族发明的食品，距今也有2000多年的传承。将这两种食材汇聚一堂烹制的这道莲藕煮百页豆腐，品在嘴，带着一份时空的厚重；尝在心，透着一股历史的沧桑。顷刻间，你是否听见，那浓浓的岁月情怀，声声激荡；那阵阵的时光之歌，句句高亢。

材料 Ingredient

莲藕	300克
百页豆腐	1条
姜片	20克
水	300毫升

调料 Seasoning

辣豆瓣酱	3大匙
酱油	3大匙
白糖	2茶匙

做法 Recipe

1. 将莲藕洗净，去皮，切小块；百页豆腐洗净，切厚片，备用。

2. 热一锅，倒入少许色拉油烧热，放入姜片及辣豆瓣酱以小火爆香，倒入水，加入酱油和白糖煮滚。

3. 加入莲藕块及百页豆腐片，盖上锅盖，转小火煮约20分钟，至莲藕透软即可起锅。

任性的美味：
脆皮豆腐

即使养生家们总是提醒油炸食品的危害，但人们在美味的诱惑下难免乖乖就范。据研究，油炸时，食物表面发生的焦糖化反应，使食物散发出独特的香味。同时，由于表面温度迅速升高，食物水分汽化形成多孔的干燥硬壳，酥脆的口感就此成就。在香气和口感的双重诱惑下，难怪食客们总是欲罢不能，索性，让嘴巴再任性一回。

材料 Ingredient

板豆腐	1盒
面粉	适量
百页豆腐	150克
低筋面粉	150克
糯米粉	30克
泡打粉	1茶匙

调料 Seasoning

番茄酱	2大匙

做法 Recipe

1. 将板豆腐洗净，用纸巾吸干水分，切成8等份的方块状，并放入热水中浸泡约3分钟，再小心捞出沥干，备用。

2. 将百页豆腐、低筋面粉、糯米粉、泡打粉混合，分次加水慢慢搅拌成脆浆，静置15分钟，备用。

3. 将板豆腐块沾裹上面粉，再沾上脆浆，放入油温约160℃的油锅中，以中火炸至豆腐表面呈金黄色后，捞出沥油。

4. 食用时蘸番茄酱即可。

小贴士 Tips

+ 这道菜一定要尽快食用，否则就不脆了。

食材特点 Characteristics

糯米粉：糯米粉含有蛋白质、脂肪、糖类、钙、磷、铁、B族维生素、烟酸及淀粉等，有温补强壮的作用。

泡打粉：是由苏打粉配合其他酸性材料，并以玉米粉为填充剂的白色粉末，是一种复合膨松剂，又称为发泡粉或发酵粉。

和风海味：
柴鱼豆腐

柴鱼丝是由深海鳕鱼经过多次烘烤，干燥刨花而成，是天然而又营养丰富的调味品。刚刨出来的柴鱼丝香气最为浓郁，为了能长时间保留香气，柴鱼丝的包装往往采取全密封塑料袋并充入氮气。在日本料理中，柴鱼丝更是提香增鲜的必备配料。这道著名的柴鱼豆腐，将带你来到富士山的樱花树下，感受日式和风的清新情调。

材料 Ingredient

柴鱼丝	1小包
蛋豆腐	1盒
（或芙蓉豆腐）	
鸡蛋	1个
玉米粉	适量
葱花	1大匙

调料 Seasoning

鲣鱼酱油	2大匙
水	1大匙
味啉	1茶匙
白萝卜泥	1大匙

做法 Recipe

1. 将蛋豆腐切成小方块；鸡蛋打散成蛋液，备用。
2. 将豆腐块先沾裹一层玉米粉，再沾一层蛋液，最后均匀地裹上一层柴鱼丝。
3. 热一锅，放入约1/2锅的油量，将油烧热至约200℃时，放入豆腐炸约1分钟即可，捞起沥油。
4. 将鲣鱼酱油、味啉及水调匀成酱汁，淋在炸好的柴鱼豆腐上，最后撒上葱花，搭配白萝卜泥一起食用即可。

小贴士 Tips

+ 如果觉得过于清淡，出锅时还可撒些海苔粉，浇点香油进行调味。
+ 本品是一道口味清淡、制作简单、日本风味很浓的小菜。

食材特点 Characteristics

鲣鱼酱油：鲣鱼酱油是由酱油、昆布、鲣鱼的萃取物、调味料和一些天然香辛料熬制而成，味道清淡，盐分不高，所以也不用太担心钠的摄入量过高。

清心何用千堆雪：

银耳蒸豆腐泥

银耳既是营养滋补之佳品，又是扶正强身之补药，被列为山珍海味中的"八珍"之一。用这味"灵丹妙药"搭配豆腐烹制而成的菜肴，不仅是珍稀美味的结合，更是清心凉血、安神补脑的良方。需要注意的是，银耳和豆腐均属寒凉之物，二者同食更是寒性加倍，虚畏寒者，还是浅尝辄止为妙。

材料 Ingredient		调料 Seasoning	
银耳	30克	盐	1/2茶匙
板豆腐	3块	白糖	1/4茶匙
鸡蛋清	1个	胡椒粉	1/4茶匙
蘑菇	100克	香油	1茶匙
栗子片	15克	水淀粉	1茶匙
熟青豆仁	20克		

做法 Recipe

1. 将银耳浸泡于冷水中至发涨，去蒂，剁碎，放入水已煮滚的蒸笼中，以小火蒸约20分钟，取出放凉，备用。

2. 将板豆腐用滤网挤压成泥状，加入鸡蛋清、银耳和全部调料拌匀，放入碗中。

3. 再将蘑菇和栗子片排在豆腐上面，放入蒸笼内，以小火蒸约10分钟后取出，放上烫熟的青豆仁装饰即可。

兼容并蓄味生风：

豆蓉豆腐

或许是注定，或许是巧合，作为传统食材，小小的豆腐竟彰显着中华文明
"兼容并蓄"的特性。豆腐不仅荤素相宜、凉拌热食均可，甚至当你将它掰
开了、揉碎了、碾成沫，它也能和其他食材从容相处，共谱一首和谐之歌。
这道豆蓉豆腐，就是如此"形神重生，食味融合"，但看那全新的口感，复
合的味道，分明在展示着别样的美食诱惑。

材料 Ingredient		调料 Seasoning	
板豆腐	2块	盐	1/2茶匙
熟毛豆仁	100克	白糖	1/4茶匙
蟹肉	100克	胡椒粉	1/4茶匙
鸡蛋清	50克	香油	1茶匙
姜末	1/2茶匙	水淀粉	1茶匙

做法 Recipe

1. 将板豆腐切去较硬的表皮，放入细滤网中
   压碎过筛；熟毛豆仁用刀压成泥；蟹肉放
   入锅中烫熟后过凉水，切末，备用。

2. 将豆腐泥、毛豆泥、蟹肉末混合，加入所有调
   料与鸡蛋清拌匀。

3. 热一锅，倒入适量色拉油，放入姜末爆香，
   再放入做法2的材料，以小火炒约3分钟，然
   后放入小碗内，入电饭锅蒸约5分钟，再倒
   扣装盘即可。

如是秀外慧中：
炸芙蓉豆腐

人们常用"芙蓉"来形容女子的美貌，而这道炸芙蓉豆腐却也名副其实配得上这二字。油炸过的金黄外皮，不仅看上去赏心悦目，咬上一口更是焦香酥脆；被包裹的白嫩豆腐，不仅闻起来鲜香诱人，吃进嘴里更是爽口滑嫩。如此内外兼修的菜肴，堪称"菜中之杰"，实在值得高品位的食客试上一试。

材料 Ingredient

芙蓉豆腐	2盒
玉米粉	100克
鸡蛋	2个
面包粉	100克
白萝卜	100克

调料 Seasoning

柴鱼酱油	20毫升
白糖	5克

做法 Recipe

1. 将每块芙蓉豆腐分别切成4等份；鸡蛋打散成蛋液；白萝卜洗净，去皮，磨成泥，备用。

2. 将柴鱼酱油和白糖混合，再加入白萝卜泥搅拌成蘸酱。

3. 豆腐块依序裹上玉米粉、蛋液，最后均匀沾上一层面包粉，重复步骤至材料用毕，备用。

4. 热一锅，加入400毫升色拉油，烧热至约120℃时，轻轻放入豆腐炸至表皮呈金黄色，捞起沥干油分，搭配蘸酱食用即可。

小贴士 Tips

- 白萝卜在磨成泥之前应洗净，去皮。
- 白糖使用白砂糖较好。

食材特点 Characteristics

面包粉：由硬麦制作而成，面筋含量高，具有韧性大、弹性好、吹泡体积大等特点。具体还有白面包专用粉、汉堡包专用粉等类别。

白萝卜：具有清热生津、凉血止血、下气宽中、消食化滞、开胃健脾、顺气化痰的功效，除此以外，由于富含维生素C，还具有一定的美白作用。

珠圆玉润金不换：

红烧素丸子

据统计，中国的丸子有上千种之多。有人打过比喻，如果叫外国人每天品尝一种，最少也得三年。这话说得绝不夸张，中国人之所以喜爱丸子，主要是取其"圆"的形状，寓意"团圆"。"圆"还谐音"缘"，所以丸子尤适合喜宴。这道红烧素丸子，就是经典的丸子菜肴，焦红圆润、口口留香，体现了中华民族千古永恒的希望和追求。

材料 Ingredient

板豆腐	2块
荸荠	10颗
红辣椒	15克
姜	15克
鲜香菇梗	20克
上海青	适量
水	400毫升

调料 Seasoning

A：

酱油膏	1/2大匙
白糖	适量
白胡椒粉	适量
香油	1/4茶匙
淀粉	2大匙

B：

素蚝油	1/2大匙
酱油	1/2大匙
盐	1/4茶匙
白糖	适量
水淀粉	适量

做法 Recipe

1. 板豆腐上抹少许盐（材料外），蒸熟，放凉后压成泥。

2. 荸荠洗净，去皮，拍扁后切碎；红辣椒洗净，切段；姜洗净，切片；鲜香菇梗洗净，切碎；上海青洗净，沥干备用。

3. 将豆腐泥、荸荠碎、鲜香菇梗碎和所有调料A混合拌匀，捏整成丸子状，再放入油锅中炸至表面呈金黄色，捞出即为素丸子，备用。

4. 热一锅，倒入适量橄榄油，爆香红辣椒段和姜片，再加入调料B（水淀粉暂不加）和水煮滚，放入素丸子烧煮至入味，再放入上海青略煮，最后以水淀粉勾芡即可。

小贴士 Tips

+ 香菇梗的香气其实不亚于香菇肉，只因为它比较硬，许多人都在使用香菇时把它丢弃。这时，我们可以把它剁碎，做成丸子。

食材特点 Characteristics

香菇：又名花菇，为侧耳科植物香蕈的子实体。香菇是世界第二大食用菌，在民间素有"山珍"之称。香菇富含B族维生素、维生素D原（经日晒后转成维生素D）以及铁、钾等。此外，香菇中麦角甾醇含量很高，对防治佝偻病有效；香菇多糖能增强细胞的免疫力，从而抑制癌细胞的生长。

童话般的美味：

奶酪煎豆腐

奶酪在西餐中的应用十分广泛，不仅使食物的味道更加浓郁，还能提供丰富的蛋白质；而豆腐则是中国人最自豪的食物发明，其本质虽然质朴，却能变幻出千百种做法，总能让你爱上它。豆腐与奶酪的搭配就如同灰姑娘穿上了魔法教母变出来的华丽甜美礼服，足以惊艳整个舞会。

材料 Ingredient

奶酪丝	30克
板豆腐	1块
香菜	1棵

调料 Seasoning

豆浆	100毫升
酱油	1大匙
味啉	1大匙
七味粉	适量

做法 Recipe

1. 将板豆腐洗净，横切成6片；香菜洗净，择取叶子；除七味粉外的所有调料混合成酱汁，备用。

2. 锅烧热，倒入色拉油，放入板豆腐片，以小火煎至双面金黄，再淋入酱汁，炖煮至入味。

3. 在锅中撒上奶酪丝，煮至奶酪融化，起锅前再撒上七味粉和香菜叶即可。

麻香四溢:

香味芝麻豆腐

豆腐太过柔软，筷子用不好很容易夹不起来或者碎掉，对于处女座来说，这种事情实在不能容忍，或许煎过之后定型的豆腐才是处女座心中最合理的存在吧。金黄的外表、柔软的内心，加上黑白芝麻的包裹，豆腐完成了一次华丽的蜕变。只是，在讲究细节的处女座看来，芝麻的排列是否也要整齐划一呢？

材料 Ingredient

黑芝麻	20克
白芝麻	10克
板豆腐	1块
	（约160克）
鸡蛋液	适量
面粉	20克

调料 Seasoning

酱油	1大匙
味啉	1/2大匙
洋葱碎	20克

做法 Recipe

1 将板豆腐洗净，切成小片状，依序沾上面粉、蛋液和芝麻，放入烧热的平底锅中，用少许色拉油两面煎至上色，备用。

2 将所有调料倒入小锅中，略煮至洋葱味道出来，即为酱汁。

3 将酱汁淋在盘上，再放上芝麻豆腐即可。

只因绝配在一起：
咖喱蛋豆腐

蛋豆腐口感细腻、嫩滑，还有些许鸡蛋的鲜香，即使不经过任何的加工都是一道美味的小吃。蛋豆腐和杏鲍菇一起油煎，再经过咖喱的渗透，口味更加饱满，食材在锅里相遇，发现彼此恰好是绝佳的拍档，气味浓郁、口感醇厚，吃一口就能带给你绝对的满足感。

材料 Ingredient		调料 Seasoning	
蛋豆腐	1盒	椰浆	1/2罐
杏鲍菇	100克	白糖	1茶匙
胡萝卜	30克	奶油	1茶匙
青辣椒	20克	水	100毫升
		红曲素食咖喱	4块

做法 Recipe

❶ 将蛋豆腐、杏鲍菇和胡萝卜均洗净，沥干，切片；青辣椒洗净，切小丁备用。

❷ 取锅，加入少许色拉油烧热，放入蛋豆腐和杏鲍菇煎至外表金黄，盛起备用。

❸ 锅内放入胡萝卜和青辣椒炒香，再加入做法2的材料和调料（奶油除外），以小火煮至汤汁变浓稠，起锅前再加入奶油即可。

"疑是林花昨夜开":

雪花豆腐

"不知庭霰今朝落,疑是林花昨夜开。"不晓得今早庭院里落下了雪花,还以为是昨夜庭院的枝上开了花。白雪的覆盖能使万物都变得清新纯洁,空气中只剩下湿润的分子润泽大地,一切都是那么的渺小。洁白的豆腐有着相同的魔力,沁人心脾的单纯气息像一阵微风吹散一切消极的情绪,只把快乐和甜蜜留在味觉里。

材料 Ingredient

嫩豆腐	1盒
鸡胸肉	150克
鸡蛋清	3个
鸡汤	适量

调料 Seasoning

盐	1/2茶匙
味精	1/2茶匙
水淀粉	1茶匙

做法 Recipe

1. 将嫩豆腐切小粒;鸡蛋清打至起泡;鸡胸肉洗净,切成小粒,烫熟后加入鸡蛋清中备用。

2. 将鸡汤、盐、味精与豆腐粒下锅,一起稍煮一下,捞起豆腐粒备用。

3. 将鸡汤续煮至滚沸时,以水淀粉勾薄芡,转小火,加入有鸡肉粒的鸡蛋清,轻轻翻炒,再放入豆腐粒拌一下使其入味即可。

第三章

豆干的盛宴

豆干二三事儿

　　豆干或者豆腐干，是豆腐的再加工制品，只是各地的叫法不同。与豆腐的清淡口味相比，豆干由于制作过程中加入了大量的调味料，味道更加丰富且富有层次，满口留香，中国的各大菜系中都能找到它的美味身影。

　　清代李调元有一首《豆腐诗》，其中有两句是描写豆干的，"不须玉豆与金箸，味比佳肴尽可捐"。大意是说豆干不需要用精美的食器来烘托，本身的味道如同珍馐美食一般，那些食器都可以丢掉了。朴素之中见真章，这是诗人对豆干美味极高的评价。

　　小时候由于吃糖长了好几颗虫牙，后来就被禁止吃零食了，但是小孩儿对于零食的渴望是非常强烈的，撒娇、耍赖什么"手段"都用了，妈妈被我烦得实在没办法。有一天，妈妈做饭的时候正好在洗豆干，就随手递给我两块，让我蘸着酱吃。磨了半天就给了块豆干，心里大大的不甘，可还是蘸了酱一口一个吞进了肚里，好香啊，现在想起来都会不自觉地咽口水，那绝对是我吃过最好吃的豆干了。豆干的好处就是越嚼越香，咽下去之后唇齿之间还有鲜香的味道残留，过好一会儿还能回味无穷。从那时候开始就爱上了豆干，尤其配着自己家里做的酱，对童年的我来说就是绝顶的美味。就算现在，每次去超市看到豆干还会买一些，当零食慢慢吃。妈妈知道我爱吃，还专门给我做了好多酱，每次吃的时候都能想起小时候跟妈妈撒娇时傻傻的样子。

　　各地的豆干种类繁多，做法不同，口味也不尽相同，一方水土养一方人，一方的百姓自然也偏爱自己那一方的口味。

　　豆干的历史源远流长，相传三国时期，诸葛亮率兵征伐"南蛮"后班师回朝，当军队路过四川僰道县（现南溪）一个小山村时，所有人都被那从村子里飘出来的奇特清香的气味所吸引，兵马长途跋涉，饥肠辘辘，被这香气诱惑一番，自然走不动了。诸葛亮坐在车里也闻到了香气，好生奇怪，便决定到村里看个究竟。村子不大，只有几十户人家，时近中午，家家户户都飘

出袅袅的炊烟，整个村子被一层白蒙蒙的雾气笼罩着。诸葛亮见一户人家大门敞开，便走了进去，只见大锅里煮着白花花的豆浆，一旁的柴火堆上架着竹篾片编的篾笆篓，上面正在烤着一些四四方方的东西。走近一闻，这便是香味的源头。拿起一块，掰开仔细看了看，外表黄灿似金，内里洁白如玉；放到嘴里咬一口，绵软细嫩，满口清香，味道鲜美。村民告知此物叫作豆干，诸葛亮赞不绝口，随后便命手下将村里做好的豆干全部买下作为军粮，另收购豆渣喂马，官兵和战马遂而大饱了口福。这便是四川南溪县著名的"五香豆腐干"，历朝历代广受青睐，直至今日依然有口皆碑，好东西总能经受住时间的考验。

以豆干为原料可以烹制出无数种让人眼花缭乱的美味菜品，平日里吃多了鱼肉荤食，最爱的却是朴素淡雅的一碟精致凉拌菜，凉拌豆干就是个能使我欣慰的选择。大鱼大肉的油腻轰炸之后，口腔里充满了黏腻的气氛，齿缝都好像被油腻塞满了。这个时候来一道凉拌豆干，就犹如汗流浃背的炎炎夏日，突然吹来一阵透心的凉风，还夹杂着一点清新的味道，舒爽痛快的感觉从头到脚、由外而内，很值得夸赞"好吃"二字。

凉拌豆干吃的不光是豆干本身，更准确地说它的灵魂其实是调味料，葱花、香菜末、辣椒末、姜末、蒜末，这些看似零星的点缀，却赋予了豆干别样的色彩和更加丰富的生命；而酱油、醋、白糖、香油的搭配与融合更是这道菜成败与否的关键所在，多一点儿少一点儿完全决定了最终的口感。凉拌豆干的魅力在于虽然永远成不了餐桌上的主菜，却能凭借清纯的样貌俘获用餐人的心，像是有魔力一样，一双双筷子总会朝着它的方向伸过去。

喜欢听故事，喜欢听故事里的智慧，四四方方的豆干，小小的身体蕴含着丰满的味道，包裹着历史的剪影和岁月的积淀。别拿豆干不当菜，在入口的那一刻，它总能带来小惊喜，让你确信它就是你期待的那种味道。

素食也疯狂：

蜜汁豆干

豆腐干既香又鲜、富含营养，被誉为"素火腿"。谁说美味就一定得是大鱼大肉，朴实的素食也能让味蕾欣喜若狂。黑豆干乌黑的外形，第一印象的确不太好，但是只要尝一口，就会被它美妙的口感所吸引，甜咸适中、质地细腻、软弹耐嚼，别具一番风味。加入卤汁之后，甘香可口，不仅可以佐餐，还可以当作零食，更是孩子们的最爱。

材料 Ingredient

黑豆干	2块
	（约240克）
白芝麻	10克

调料 Seasoning

水	500毫升
醋	20毫升
酱油	50毫升
味啉	50毫升
白糖	30克

做法 Recipe

1. 取一汤锅，放入所有调料煮开成卤汁，备用。
2. 另取平底锅，倒入少许色拉油，放入黑豆干双面煎至有香味，再放入卤汁中，煮至汤汁收干。
3. 将卤豆干切成片状，最后撒上白芝麻即可。

小贴士 Tips

+ 白糖也可换为冰糖，炒糖色的时候一定要用小火，注意火候，炒过了味道会发苦。

+ 将做好的豆干放凉后，装入密闭的保鲜盒，放入冰箱冷藏，可以保存一周左右。每次取出就可直接食用，想吃热的可以用微波炉热一下。

食材特点 Characteristics

黑豆干：含有的卵磷脂可清除附着在血管壁上的胆固醇，能防止血管硬化；还富含钙等多种矿物质，可促进骨骼发育。

白芝麻：富含各种营养元素，而且具有极强的抗衰老性。其特点是含油量高、色泽洁白、籽粒饱满、种皮薄、后味香醇等。

老少兼宜的美食:

烟熏豆干

据记载，汉代淮南王刘安与门客在寿春城八公山炼求长生不老的灵丹妙药，在炼丹时，偶以石膏点豆浆，经过化学变化而成豆腐，刘安也便成了豆腐的发明人。在之后的2000多年里，豆腐制作方法传遍全国，又经由各地百姓根据地域特点发扬创新，豆腐的吃法也越来越多。烟熏豆干便是其中一种，且老少皆宜，深受大众喜爱。

材料 Ingredient

豆干	20片
冰镇卤汁	2000毫升

调料 Seasoning

白糖	50克
红茶末	5克
香油	1大匙

做法 Recipe

1. 将冰镇卤汁以大火煮至滚沸，放入豆干以小火续滚约3分钟，熄火加盖浸泡约30分钟后取出。

2. 取一锅，先铺上一层铝箔纸，撒上白糖及红茶末拌匀，放上铁网架并于网架上放置豆干，盖上锅盖，以中火加热至锅边冒烟，改小火续焖约5分钟后熄火，再闷约2分钟。

3. 在豆干上均匀刷上香油，放入保鲜盒中，放入冰箱冷藏即可。

小贴士 Tips

➕ 冰镇卤汁的制法：

材料：葱段适量，姜片50克，蒜40克，卤包1包，水3000毫升，酱油800毫升，白糖200克，料酒50毫升。

做法：葱段、姜片和蒜均洗净拍扁。热锅加入3大匙色拉油烧热，加入葱段、姜片和蒜以小火爆香，再加入其余材料，以大火煮滚后改小火续滚约10分钟。

食材特点 Characteristics

豆干：是豆腐的再加工制品，口感咸香爽口，硬中带韧，富含蛋白质、脂肪、碳水化合物，以及钙、磷、铁等多种矿物质。

红茶末：能帮助胃肠消化、促进食欲，还可利尿、消水肿。红茶中富含的黄酮类化合物能消除自由基，具有抗氧化作用，可以降低心肌梗死的发病率。

保定三宝春不老：
雪里蕻炒豆干丁

保定有三宝，铁球、面酱、春不老，春不老便是雪里蕻的别名。相传乾隆年间，一大臣南下途经清苑县。平时吃腻了山珍海味，他突然想吃点清口的饭菜，地方官便送来一盘腌制的春不老。大臣放在口中一尝，脆嫩清香，连连称赞好菜，好菜！临走时，大臣将春不老进贡宫廷，自己又携带一部分南下。从此，保定的春不老名声远扬。

材料 Ingredient

雪里蕻	220克
豆干	160克
红辣椒	10克
姜	10克
葵花籽油	2大匙

调料 Seasoning

盐	1/4茶匙
白糖	适量
香菇粉	适量

做法 Recipe

1 将雪里蕻洗净，切丝；豆干洗净，切丁备用。

2 将红辣椒洗净，切细段；姜洗净，切末备用。

3 热一锅，倒入葵花籽油，爆香姜末，放入红辣椒段、豆干丁拌炒至微干；再放入雪里蕻和所有调料炒至入味，即可盛盘。

小贴士 Tips

➕ 挑选葵花籽油时要选择色泽金黄的，颜色暗淡的则是有变质的，变质的葵花籽油会有一种怪味，也就是我们平时所说的哈喇味。

➕ 可先用高汤把雪里蕻煨烧一下，这样味道会更好。

食材特点 Characteristics

雪里蕻：含有大量的维生素C，这是一种活性很强的还原物质，能增加大脑中的氧含量，激发大脑对氧的利用，所以有醒脑提神、解除疲劳的作用。

葵花籽油：含有大量人体必需的不饱和脂肪酸，可以促进人体细胞的再生和成长，并能减少胆固醇在血液中的淤积，是一种高级营养油。

墨鱼炒豆干

要想放松身心，就一定要放下心中的压力，可又有谁真能卸下所有包袱，轻松地行走在未知的路上，迎接一个个的挑战呢？但起码在周末时，我们可以把肩上的包袱卸下来，休憩片刻。此时此刻，美食便是最好的解压剂，不必山珍海味，也许一碟由鲜脆爽口的墨鱼和咸香适中的豆干组成的小炒，就能让你暂时忘却纷扰的世事。

材料 Ingredient

长形豆干	300克
墨鱼	200克
蒜苗	1根
芹菜	1棵
红辣椒	1个
姜末	5克
蒜末	5克

调料 Seasoning

盐	1/4茶匙
鸡精	1/2茶匙
白糖	1/4茶匙
酱油	1/2大匙
醋	1大匙
料酒	1大匙

做法 Recipe

❶ 将长形豆干洗净，切条状；墨鱼洗净，切条状；蒜苗、芹菜均洗净，切段；红辣椒洗净，切丝。

❷ 将豆干条放入热油锅中炸一下，捞出沥油；将墨鱼条过油后马上捞起，沥油备用。

❸ 锅中留余油烧热，放入姜末与蒜末以中火爆香，再加入蒜苗段与红辣椒丝，炒至香味四溢；放入豆干条和墨鱼条、芹菜段及所有调料，以中火拌炒入味即可。

小贴士 Tips

✚ 选择使用的芹菜时，梗不宜太长，以短而粗壮的为佳，菜叶要翠绿、不枯黄。

食材特点 Characteristics

芹菜：营养丰富，含有蛋白质、碳水化合物、胡萝卜素、B族维生素，以及钙、磷、铁、钠等微量元素。在芹菜的叶茎中，还含有芹菜苷、佛手苷内酯和挥发油等物质，具有降血压、降血脂、防治动脉粥样硬化的作用；对神经衰弱、月经失调、痛风、肌肉痉挛也有一定的辅助食疗作用。

夏日首选：
青豆炒豆干

在炎热的酷暑，大鱼大肉总让人感觉太过丰盛油腻，几乎成了一种负担，光想想都会觉得满身是汗了，清淡的口感才是夏日的首选。青豆炒豆干，就是非常适合夏季食用的小炒。青豆和豆干均富含蛋白质，青豆中还含有一定的钙质，二者结合一起炒制，吃起来非常清口，口感营养兼备，做的人和吃的人都不必大汗淋漓。

材料 Ingredient

青豆仁	300克
五香豆干	5块
红辣椒末	1/2茶匙

调料 Seasoning

盐	1茶匙
白糖	1/4茶匙
鸡精	1/2茶匙

做法 Recipe

❶ 将五香豆干洗净，切四方丁，备用；将青豆仁洗净，放入沸水中汆烫，捞起备用。

❷ 锅烧热，倒入2大匙色拉油，放入红辣椒末爆香，加入豆干丁炒至焦黄。

❸ 再放入青豆仁续炒；最后加入所有调料，以中火拌炒均匀即可。

小贴士 Tips

➕ 如果自制五香豆干，汤汁不宜完全收干，否则豆干会发硬。

➕ 也可将五香豆干换成烟熏豆干。

食材特点 Characteristics

青豆仁：富含人体所需的儿茶素和表儿茶素两种类黄酮抗氧化剂，这两种物质能够有效去除体内的自由基，起到延缓衰老的作用。

五香豆干：是用大豆、盐、酱色、五香粉等材料，再配以八角、花椒等调料制成的豆制品。其富含丰富的蛋白质，还含有人体所必需的8种氨基酸。

"本来"的味道:

客家炒豆干

如同客家话保留着中原古韵一样，客家菜同样保留了中原传统的生活习俗和"那个时候"的味道。客家菜的口感偏重"肥、咸、熟"，在普遍清淡的广东菜系中独树一帜。客家菜以家常菜见长，贵在朴实大方，营养合理，讲究保留食物原本的口味。客家炒豆干，香气浓郁、滋味厚重，吃一口就能让人有极大的满足感。

材料 Ingredient

猪五花肉	300克
干鱿鱼	1只
豆干	5块
芹菜段	适量
蒜苗段	适量
蒜片	7片
红辣椒片	适量

调料 Seasoning

酱油膏	1大匙
白胡椒粉	适量
白糖	1茶匙
香油	1茶匙
料酒	1大匙

做法 Recipe

1. 将猪五花肉洗净，去皮，切小块；干鱿鱼泡发后切段；豆干洗净，切片备用。

2. 热一锅，倒入1大匙色拉油，放入五花肉块煸炒至略变色，加入豆干片及鱿鱼段炒香。

3. 加入红辣椒片及蒜片拌炒，再加入酱油膏、白胡椒粉及料酒、白糖炒匀；加入芹菜段及蒜苗段翻炒，最后淋入香油，起锅即可。

小贴士 Tips

+ 切豆干的时候注意不要切得太细，否则做出来不好看。

+ 五花肉切薄一点会更香。

+ 虽然此菜一般会用鱿鱼干，但对于牙齿不是太好的人，也可以选用小鱼干。但需先用温水浸泡1个小时，去头、内脏，洗净。

食材特点 Characteristics

鱿鱼：除富含蛋白质和人体所需的氨基酸外，还含有大量的牛磺酸，可降低血液中的胆固醇含量，缓解疲劳，恢复视力，改善肝脏功能。

酱油膏：是由液体酱油浓缩而成，主要原料是大豆，含有多种维生素和矿物质，可降低人体胆固醇，并减少自由基对人体的损害。

清新素食：
什锦素菜炒豆干

素食不仅仅是一种饮食方式，更是一种生活态度。况且，现在的素食不是没有油水的"白菜豆腐"，也并非清汤寡水，而是同样含有丰富营养的食物，尤其对于老年人来说是很不错的选择。什锦素菜炒豆干就像是饭桌上的一点新绿，清新恬淡，健康营养。

材料 Ingredient	
豆干丝	20克
干黄花菜	10克
绿豆芽	20克
黑木耳丝	15克
胡萝卜丝	30克
竹笋丝	20克
姜末	1/2茶匙

调料 Seasoning	
盐	1/2茶匙
香油	1茶匙

做法 Recipe

1 将所有材料（姜末除外）洗净，沥干，备用。

2 热一锅，放入2大匙色拉油，爆香姜末，再加入所有材料及所有调料，以小火炒约5分钟即可。

家常的想念：

青辣椒炒豆干丝

为了更好的生活，为了自己的梦想，也为了家人，远离家乡来到大城市工作的人们，每次离家前父母最常的叮咛总是"照顾好自己"。但是很多人在工作的时候几乎一天三顿饭都是在外边解决，难得周末的时候，自己动手炒一盘家常的青辣椒炒豆干丝，照顾好自己吧，为了父母。

材料 Ingredient		**调料** Seasoning	
青辣椒丝	160克	盐	1/4茶匙
豆干丝	150克	白糖	适量
黄甜椒丝	30克	热水	50毫升
胡萝卜丝	30克	鸡精	适量
蒜末	10克	胡椒粉	适量
		淡酱油	适量

做法 Recipe

① 将豆干丝洗净，备用。

② 热一锅，放入1大匙色拉油，爆香蒜末，再放入胡萝卜丝、豆干丝以中火伴炒。

③ 再加入青辣椒丝、黄甜椒丝和所有调料，快炒至入味即可。

回锅肉炒豆干

回锅肉源于民间祭祀，是将敬鬼神、祖宗的供品在祭祀之后拿来回锅再食用的产品，故而得名，川西地区将之称为"熬锅肉"。川渝地区家家户户都能制作此菜，川菜厨师考级时亦经常以回锅肉作为首选菜肴，可见其在川菜中的地位十分重要。回锅肉口味浓香，但是口感较油腻，加入豆干正好可以解油腻，满足更多人的喜好。

材料 Ingredient

猪五花肉（熟）	300克
豆干片	300克
蒜末	10克
葱段	50克
红辣椒片	10克

调料 Seasoning

酱油	1大匙
酱油膏	1/2大匙
盐	少许
白糖	1/2茶匙
白胡椒粉	少许

做法 Recipe

1 将熟五花肉切片；葱段分葱白及葱绿，洗净备用。

2 热一锅，加入2大匙色拉油，放入肉片炒1分钟，再放入蒜末、葱白和豆干片炒香。

3 放入所有调料拌炒入味，再放入红辣椒片和葱绿拌炒均匀即可。

小贴士 Tips

+ 蒜在贮藏前应将蒜头晾干，否则蒜头会因湿度过高而导致腐烂。在干燥通风的环境下，蒜大概能保存半年之久。

+ 还可以在调料中加入甜面酱，这样口感会更正宗。

食材特点 Characteristics

蒜：蒜含有硫化合物，具有极强的抗菌消炎作用，对多种球菌、杆菌、真菌和病毒等均有抑制和杀灭作用。蒜还可促进胰岛素的分泌，迅速降低体内血糖水平。蒜中含有微量元素硒，这种物质能够清除毒素，减轻肝脏的负担，最终达到保护肝脏的目的。

"继承妈妈的味道"：

蒜苗培根炒豆干

妈妈们虽然从没专门学过烹饪，却总能端出一盘盘美味的菜肴，这种味道全部来自经验的积累和传承。姥姥把经验传给妈妈，妈妈又把经验传给女儿，每一户人家的口味似乎都是固定的，这就是"妈妈的味道"了。妈妈当年做的蒜苗炒豆干，女儿继承了方法，又根据经验加入了培根，就成了新妈妈的味道。

材料 Ingredient

厚豆干	300克
培根	80克
蒜苗	2根
红辣椒	1个
蒜末	5克

调料 Seasoning

盐	1/4茶匙
白糖	1/4茶匙
鸡精	少许
酱油	1/2茶匙
料酒	1大匙

做法 Recipe

1. 将厚豆干洗净，切片；培根切片；蒜苗分头尾部，洗净，切片；红辣椒洗净，切片。

2. 取厚豆干片，放入热油锅中以中火炸至微焦，捞出沥油，备用。

3. 锅中留余油烧热，将蒜末以中火爆香，再放入蒜白、红辣椒片和培根片炒至香味四溢；续加入所有调料、蒜尾及厚豆干片，以中火拌炒均匀即可。

小贴士 Tips

+ 蒜苗表皮粗糙、叶子又薄，不容易清洗，很多人图省事只是简单冲冲。然而蒜苗在种植过程中要经常使用农药，没洗干净很容易引发腹泻甚至中毒，所以一定要用流动水仔细清洗干净。

食材特点 Characteristics

培根：磷、钾、钠的含量丰富，还含有脂肪、胆固醇、碳水化合物等物质。味咸，并带有浓郁的烟熏香味，是常见的西式肉制品。

蒜苗：又叫青蒜，是大蒜幼苗发育到一定时期的青苗。蒜苗富含维生素C等多种营养成分，能有效预防流感、肠炎等因环境污染引起的疾病。

家常的惊喜：
土豆咖喱豆干

咖喱中的香料刺激着嗅觉和味觉，但是香味是恰到好处的，诱惑你去吃，又不会让你觉得太辣而想放弃。一直觉得，最初把香料加入到食物中的人是绝对的智者，如果没有香料，我们的食物该是多么的黯然失色。咖喱土豆实在是太常见了，而豆干又是一款百搭的食材，二者搭配烹饪绝对有一加一大于二的惊喜。

材料 Ingredient

厚豆干条	200克
土豆条	250克
青豆仁	30克
猪肉丝	50克
蒜末	10克
高汤	250毫升

调料 Seasoning

咖喱粉	1茶匙
面粉	1茶匙
盐	1/4茶匙
鸡精	1/2茶匙

腌料 Marinade

盐	少许
淀粉	1/2茶匙
料酒	1茶匙

做法 Recipe

1. 将厚豆干条和土豆条分别放入热油锅中过油，捞起沥油；将猪肉丝放入腌料中腌10分钟，再放入热油锅中过油，捞起沥油。

2. 锅中留余油，放入蒜末以中火爆香，再加入咖喱粉和面粉炒至香味四溢。

3. 锅中加入厚豆干条、土豆条及高汤，以中火煮至滚沸时，加入青豆仁、猪肉丝和盐、鸡精，以小火煮至入味即可。

小贴士 Tips

+ 薯类尤其是土豆，含有毒的生物碱，这种有毒的物质，通常集中在土豆皮里，因此食用时一定要去皮，特别是要削净已变绿的皮。此外，发了芽的土豆有毒，不宜食用。

食材特点 Characteristics

土豆：富含膳食纤维，食用后停留在肠道中的时间较长，更具饱腹感，并有助于体内油脂和垃圾的排出，具有一定的通便排毒作用。

咖喱粉：咖喱其实不是一种香料的名称，而是"把许多香料混合在一起煮"的意思，有可能是由数种甚至数十种香料所组成。

家常快手小炒：
肉丁炒豆干丁

烹饪初学者做一顿饭得花上一两个小时，而且之后的厨房就像是经过惨烈战役后等待清理的战场，叫人不忍直视。再把厨房收拾干净，又是一项浩大的工程。所以，操作简单、省时省力的菜谱绝对是初学者们的救星，将猪肉、豆干切成丁，再加入蒜末、辣椒翻炒，收汁盛盘就大功告成。记得多做点米饭哦，超级下饭的！

材料 Ingredient

豆干丁	300克
猪梅花肉	200克
蒜香花生仁	80克
蒜末	10克
红辣椒末	15克
香菜	适量

调料 Seasoning

酱油	2大匙
白糖	1/2大匙
五香粉	适量
肉桂粉	适量
胡椒粉	1/4茶匙
料酒	1大匙

做法 Recipe

1. 将猪梅花肉洗净，切小丁；香菜洗净，备用。
2. 热一锅，放入2大匙色拉油烧热，放入蒜末和红辣椒末以中火爆香，再放入梅花肉丁拌炒至颜色变白。
3. 续放入豆干丁拌炒，再放入所有调料，以小火炒至入味并收干酱汁，最后加蒜味花生仁炒匀，盛盘放上香菜即可。

小贴士 Tips

+ 肉丁炒豆干丁是一道很下饭的菜，无论是干饭还是稀饭，而且营养丰富、味道很好。
+ 将梅花肉丁炒至六七成熟后，再放入豆干丁翻炒即可。

食材特点 Characteristics

梅花肉：即猪的上肩肉，横切面瘦肉占90%，其间有数条细细的肥肉丝纵横交错，所以吃的时候特别香嫩可口，却一点也不油腻。

五香粉：是将超过5种的香料研磨成粉状混合在一起，其名称来自于中国文化对酸、甜、苦、辣、咸五味要求的平衡。

上海人家：八宝辣酱

八宝辣酱是著名的沪上名菜，所谓八宝，通常认为是肉丁、豆干、虾仁、鸡丁等食材，也有的加入香菇、胡萝卜丁、青豆、笋丁、花生仁等，做法略有不同，"八"更多是个象征吉祥的数字，并非一定得是八种食材，讨个口彩而已。由于是上海菜，虽然有个辣字，也不必想成是川菜的辣，其味道辣鲜而略甜，十分入味，广受欢迎。

材料 Ingredient

猪肉丁	100克
豆干丁	80克
榨菜丁	50克
青豆仁	50克
鸡腿肉丁	100克
胡萝卜丁	50克
香菇丁	30克
虾米	20克
蒜末	10克
水	200毫升

调料 Seasoning

辣豆瓣酱	4大匙
甜面酱	1大匙
料酒	2大匙
白糖	2茶匙
水淀粉	2茶匙
香油	2茶匙

做法 Recipe

1. 烧一锅水，将榨菜丁、青豆仁、胡萝卜丁汆烫后冲凉。

2. 热一锅，倒入少许色拉油，放入鸡腿肉丁、猪肉丁、豆干丁、虾米及蒜末炒散，再加入辣豆瓣酱及甜面酱炒香后，加入水及榨菜丁、胡萝卜丁、香菇丁和青豆仁炒匀。

3. 续加入白糖、料酒，略煮至汤汁呈浓稠状后，用水淀粉勾薄芡，淋上香油即可。

小贴士 Tips

+ 鸡腿肉剔下后别忙着丢掉骨头，将鸡腿骨敲断煮汤味道很好。

食材特点 Characteristics

鸡腿肉：蛋白质的含量较高且种类丰富，而且消化率高，很容易被人体吸收利用，有强壮身体的功效。

榨菜：是以芥菜为原料腌制而成的，脆嫩爽口、味咸且鲜，并带有特殊的酸味，可直接用于佐餐，也可用于炒菜、做汤。

小情趣：
凉拌豆干

在此菜中，常为配菜的豆干却能独自撑起一片天来。不管是佐餐小菜、早上配粥还是下酒，开胃又清淡的凉拌豆干，总能让人提起食欲。一碗小米粥、一碟凉拌豆干，清粥小菜的情趣如同暂别喧嚣的都市，来到宁静的小镇，走在石板路上，寻找街角的书店，舒服而自在。

材料 Ingredient	
小豆干	120克
蒜味花生仁	80克
葱花	20克
香菜末	5克
姜末	5克
红辣椒末	3克
蒜末	5克

调料 Seasoning	
酱油	50毫升
醋	25毫升
白糖	适量
香油	适量

做法 Recipe

① 将小豆干洗净，放入滚水中氽烫，然后捞起备用。

② 将所有调料放入容器中拌匀，备用。

③ 将小豆干和其余材料一起放入容器中拌匀即可。

家里也有韩风味：

韩味辣豆干

吃过韩国料理的人，绝不会忘记石锅拌饭和冷面里那风情万种的韩式辣椒酱，当然它也是成就辣白菜美味的经典调味品。它不像四川辣椒那样辣得直接，而是爽快的辣。朴实的豆干加上韩式辣椒酱的佐味，味道便得到了质的升华，简单的小吃就成了韩国风味的美食。

材料 Ingredient

大豆干	6片
葱	1根
蒜	3瓣

调料 Seasoning

韩国辣椒酱	1大匙
韩国辣椒粉	1茶匙
香油	1大匙

做法 Recipe

1. 先将大豆干洗净，切片，氽烫。
2. 将葱、蒜均洗净，切末备用。
3. 取一个盘子，将所有调料倒入，加少许开水调匀；再加入葱末、蒜末和大豆干，拌匀即可。

面条的新伴侣：

素香菇炸酱

加班回家晚了的时候、心情不好的时候、家庭大扫除后太累的时候……总有那么一些状态就是不想做饭。这时候炸一盘喷香浓郁的香菇酱，煮一碗清水面条，怕热的话可以用凉水过一下，再切点黄瓜丝、胡萝卜丝，拌在一起，几分钟就能搞定。谁能说这一碗咸香爽口的香菇炸酱面不能满足挑剔的胃呢？

材料 Ingredient

干香菇蒂	80克
豆干	100克
姜	30克
芹菜	50克
水	300毫升

调料 Seasoning

豆瓣酱	2大匙
甜面酱	3大匙
白糖	1大匙
香油	2大匙

做法 Recipe

1. 将干香菇蒂泡水约30分钟至完全软化，捞起沥干，放入搅拌机中打碎，取出备用。

2. 将豆干洗净，切小丁；姜和芹菜均洗净，切末，备用。

3. 锅烧热，倒入色拉油，以小火爆香姜末及芹菜末，加入香菇蒂碎和豆干丁炒至干香。

4. 续加入豆瓣酱及甜面酱，略炒香后加入白糖和水，煮至滚沸后转小火，续煮约5分钟至浓稠，最后加入香油即可。

小贴士 Tips

+ 豆瓣酱和甜面酱味道都比较重，所以这道菜可以不加盐。

+ 香菇加热的过程中会有水分渗出，所以在炒制香菇时，一般不需要加水。

食材特点 Characteristics

甜面酱：是以面粉为主要原料，经制曲和保温发酵制成的一种酱状调味品，其味甜中带咸，同时有酱香和酯香，不仅滋味鲜美，还可以丰富菜肴营养。

香菜梗炒豆干丝

香菜是人们最熟悉的提味蔬菜，在北方部分地区也叫芫荽。香菜所含的挥发性香味物质使其得名香菜，是不少人的心头好；同样因为气味的关系，也有人因接受不了而远远避开，或许在这些人心中香菜就不见得是"香的菜"，而只是一种叫芫荽的蔬菜而已。对于爱香菜的人来说，香菜梗炒豆干丝可是气味迷人、口感清爽的美食啊！

材料 Ingredient

香菜梗	50克
豆干	200克
猪肉丝	100克
红辣椒丝	10克
蒜末	10克

调料 Seasoning

酱油	1大匙
盐	适量
白糖	1/2茶匙
料酒	1大匙
胡椒粉	适量

腌料 Marinade

酱油	适量
料酒	1茶匙
淀粉	适量

做法 Recipe

1. 先将猪肉丝与所有腌料混合拌匀，备用。
2. 将豆干洗净，切丝；香菜梗洗净，切段，备用。
3. 将猪肉丝放入油锅中，稍微过油后捞出；豆干丝放入油锅中炸约1分钟，捞出沥油。
4. 锅中留余油，放入蒜末、红辣椒丝爆香，加入猪肉丝、豆干丝拌炒，再加入香菜梗和所有调料，炒至所有材料入味即可。

小贴士 Tips

+ 腐烂、发黄的香菜不要食用，这样的香菜不但已经没有了香气，而且可能会产生毒素。
+ 香菜梗不要炒久了，翻炒几下就好。

食材特点 Characteristics

猪肉：是日常生活中的主要副食品，具有补虚强身、滋阴润燥、丰肌泽肤的作用。但对于肥肉及猪油，高血压、中风患者及肠胃虚寒、虚肥身体、痰湿体质、宿食不化者应慎食或少食。

有历史的风味小菜：

韭菜花炒豆干

《诗经·七月》里说"四之日其蚤，献羔祭韭"，意思是说四月初用小羊羔和韭菜祭祀寒神；杜甫在《赠卫八处士》中又写道"夜雨剪春韭，新炊间黄粱"。可见，韭菜在中国食用的悠久历史以及在当时的珍贵。直到现在，韭菜也是全国各地普遍食用的一种时蔬，到处都能看到它的身影。将豆干与其搭配小炒，唇齿间别有一番风味在心头。

材料 Ingredient

韭菜花	150克
白豆干	200克
虾米	30克
蒜末	10克

调料 Seasoning

盐	1/4茶匙
鸡精	1/2茶匙
料酒	1/2大匙
胡椒粉	适量

做法 Recipe

1. 将白豆干洗净，切条；韭菜花洗净，切段；虾米洗净，以冷水浸泡5分钟，捞出沥干（水保留备用），备用。

2. 热一锅，放入2大匙色拉油烧热，放入蒜末和虾米以中火爆香，再加入白豆干条炒至香味四溢。

3. 续放入韭菜花拌炒均匀后，加入泡虾米的水，再倒入所有调料，拌炒均匀且入味即可。

小贴士 Tips

+ 如果是自制韭菜花，一定要用玻璃瓶腌制保存。

+ 如果时值夏天，那么买来的白豆干都要洗净并用冷水浸泡，以防变味。

+ 翻炒时，只要韭菜花断生即可出锅，否则就炒过了。

食材特点 Characteristics

虾米：具有较高的营养价值，民间将其列为"海八珍"之一。虾米最有营养价值的成分是虾皮和虾仁上红颜色的部分——虾青素，它是一种强抗氧化剂。

韭菜花：是秋天韭白上生出的白色花簇，富含胡萝卜素，以及钙、磷、铁等微量元素。人们多在其欲开未开时采摘，将之磨碎后腌制成酱食用。

浓香风味:

香油姜味豆干

不论一道菜中放了什么调味品，只要多加点香油进去，其他的味道就都会被其掩盖，只剩下香油的味道。如果不想只吃到香油的味道，调味的时候一定要控制好香油的用量。不过，香油姜味豆干是个例外，以浓重的香油味和辛辣的姜味包裹单纯的豆干，恰恰是这道菜的精华所在。

材料 Ingredient

五香豆干	100克
猪肉片	80克
姜片	30克
枸杞子	5克

调料 Seasoning

盐	适量
香油	60毫升
料酒	50毫升
高汤	100毫升

做法 Recipe

1. 将五香豆干洗净，切成斜片备用。

2. 锅烧热，倒入香油炒香姜片，再放入猪肉片拌炒。

3. 再放入五香豆干片拌炒，加入料酒使酒精味道挥发，续加入高汤和盐调味，最后放入泡软的枸杞子即可。

韩国妈妈的味道：

泡菜肉末豆干

在韩国家庭的饭桌上，没有泡菜就不能叫吃饭。虽然超市里现成的泡菜很多，但很多韩国家庭仍然恪守传统，坚持冬天的时候全家人一起做泡菜。泡菜不只是一种佐餐的小菜，更是一种文化、一种信仰。当妈妈为孩子端上这盘韩式风味的小菜时，孩子收获的是平淡中的一份惊喜，一缕来自远方的清风，一颗近在咫尺的爱心。

材料 Ingredient

韩式泡菜块	160克
猪肉馅	80克
小豆干	120克
水	60毫升

调料 Seasoning

酱油	30毫升
料酒	10毫升

做法 Recipe

① 锅烧热，倒入1大匙色拉油，放入猪肉馅炒香。

② 加入小豆干和泡菜块拌炒；再慢慢加入料酒、水和酱油焖煮约10分钟即可。

超级下饭菜：

酱爆豆干丁

刚出锅的酱爆豆干丁里，红红的豆干丁和猪肉丁，犹如开心到笑得涨红了脸一般。方方正正的小身体调皮而灵动，好像不赶快把它们吃掉的话，它们就会像精灵一样逃走，跟我们玩捉迷藏似的。浓郁酱香味是最能勾起人食欲的风味，伴着热气飘飘荡荡地进了鼻腔，简直让人垂涎欲滴。这样的外在和内里，又有谁舍得拒绝呢？

材料 Ingredient

五香豆干	250克
猪瘦肉	200克
蒜片	15克
洋葱片	15克
青辣椒片	15克
葱花	15克
红辣椒片	15克

调料 Seasoning

酱油	1大匙
豆瓣酱	1茶匙
酱油膏	1大匙
料酒	1/2大匙
白糖	1茶匙

腌料 Marinade

酱油	1茶匙
白糖	少许
淀粉	少许

做法 Recipe

① 将五香豆干与猪瘦肉分别洗净，切丁；猪瘦肉丁放入腌料中腌10分钟。

② 取一锅，烧热后倒入适量色拉油，将腌过的猪瘦肉丁过油后捞出，再放入五香豆干丁略炸捞出。

③ 锅中留余油，放入蒜片、洋葱片爆香，加入猪瘦肉丁略炒，再加入五香豆干丁与所有调料炒至入味，最后加入青辣椒片、葱花和红辣椒片拌炒均匀即可。

小贴士 Tips

＋ 要用大火快炒，否则菜的颜色、口感都会变差。

＋ 猪肉一定要选择瘦的，切成1.5厘米见方的丁即可。

＋ 如糖尿病患者按照该菜谱制作菜肴，应将调料中的白糖去掉。

食材特点 Characteristics

洋葱：原产于中亚或西亚，有很多不同的品种。洋葱的辛辣能刺激胃、肠及消化腺分泌，增进食欲，促进消化，可用于治疗消化不良、食欲不振、食积内停等症。洋葱还含有前列腺素A，能降低外周血管阻力，降低血液黏稠度，能用于降血压、提神醒脑、缓解压力和预防感冒等。

美味又健康：
橘酱肉片豆干

橘子最能解大鱼大肉的油腻，且营养丰富。众所周知，橘子吃多了容易上火，但是橘皮却是可以祛火的，营养价值也一点都不输于橘子。橘酱就是用橘子果肉、橘皮、冰糖等熬煮而成，口味酸甜、老少咸宜。橘酱与猪肉、豆干混合，既能解猪肉的油腻，又能丰富豆干的口感，一箭双雕，简简单单就成就了一道口味与健康兼具的佳肴。

材料 Ingredient

豆干	120克
猪肉片	60克
姜丝	10克
蒜片	10克
葱段	20克
红辣椒片	5克

调料 Seasoning

A：

酱油	1大匙
料酒	1/2茶匙
水	适量
橘酱	2大匙
白糖	适量
白胡椒粉	适量

B：

水淀粉	适量

做法 Recipe

1. 将豆干洗净，切成大片，备用。
2. 锅烧热，倒入少许色拉油，放入蒜片、葱段、姜丝和红辣椒片炒香。
3. 续加入猪肉片和豆干片拌炒均匀。
4. 将所有调料A混合拌匀，加入锅中拌炒，最后加入水淀粉勾芡即可。

小贴士 Tips

+ 橘酱如果是自制的，开封后即使放在冰箱内，也不要保存超过一周。

食材特点 Characteristics

橘酱：酸甜可口，能解油腻，而且营养丰富。在家自制橘酱时，最好使用陶瓷或不锈钢的锅具，不宜使用铁锅，储存以玻璃瓶为最好。

悠闲生活：

牛肉炒干丝

淮扬菜里豆制品花色极多，最受欢迎的就是干丝。扬州人有喝早茶的习俗，进了茶馆找位子坐下，便会有人送来沏好的盖碗茶，再配上一份干丝，悠闲的一天就这样开始了。不能去扬州茶馆的人，在家也可以变换花样，炒一盘牛肉干丝，泡一壶清香新茶。经过炒制的豆干丝，有着香酥的外表、绵软的内心，伴着芬芳茶香享受悠闲。

材料 Ingredient

牛肉	80克
宽干丝	100克
红辣椒	50克
葱	50克
姜	30克

腌料 Marinade

淀粉	1茶匙
酱油	1茶匙
鸡蛋清	1大匙

调料 Seasoning

酱油	3大匙
白糖	1大匙
水	5大匙
香油	1茶匙

做法 Recipe

1. 将牛肉洗净，切丝，与所有腌料混合拌匀，腌约15分钟，备用。

2. 将红辣椒洗净，去籽，切丝；葱和姜均洗净，切丝，备用。

3. 热一锅，加入2大匙色拉油，放入牛肉丝，以大火快炒至表面变白即可捞起。

4. 再热锅后加入1大匙色拉油，以小火爆香红辣椒丝、葱丝和姜丝后，再放入宽干丝、酱油、白糖和水，以中火炒约30秒后，加入牛肉丝炒至汤汁略收干，淋入香油即可。

小贴士 Tips

+ 干丝尽量切细一点，下锅后要不停地搅动、摔散，这样才不会糊锅。

食材特点 Characteristics

牛肉：含有丰富的蛋白质，氨基酸组成比猪肉更接近人体需要，能提高人体免疫力，适宜手术后和身体虚弱的人食用。

干丝：即豆腐干丝，有润喉去燥的作用，可使人感觉清爽舒适，适宜口干、眼干、思虑过度、讲话过多的人群食用。

第四章

千变万化豆制品

大豆的转化奇迹

大豆原产于中国，已有5000多年的种植史，素有"豆中之王"的美誉。同时，中国也是最早研发并生产豆制品的国家，大豆经过转化可以变成豆腐、豆浆、豆干、臭豆腐、豆腐皮、油豆腐、腐竹、酱油、豆筋……数不胜数、琳琅满目的豆制品从古至今满足了一代又一代人的口味，为千家万户的饭桌增添了别样的色彩。

相传，淮南王刘安是个大孝子，其母患病期间，刘安每天用泡好的黄豆磨成豆浆给母亲喝，刘母的病很快就好了，从此豆浆就渐渐在民间流行开来。这说明，豆浆作为一种独特的中国饮食文化，具有悠久的历史和广泛的大众认知度。从古至今，豆浆的制作从费时费力的石磨进化到方便快捷的全自动豆浆机，它从未退出过中国人的早餐舞台。从东到西，从南到北，每天早上太阳升起的时候，不管是农村准备下地干活的农民，还是北上广深脚步匆匆的上班族，早上最满足的事情就是一顿简单的中式早餐，豆浆、油条、包子、米粥、烧饼、茶叶蛋，只有这样的早餐下肚，才算是真正从睡梦中醒来新的一天的开始。

周末的早晨，悠闲地坐在早点摊，要一碗温温的豆浆，然后把油条撕成小块泡在豆浆里，听着油条在锅里"呲拉呲拉"的声音，看着不远处围成一圈下棋的老人，闻着碗里飘出来的醇厚的豆香味，好希望时间能停下来一会儿。不主动做什么，只是静静地坐着感受身边的一切，或许发呆或许放空，从忙碌的生活里抽离出片刻。

大豆充分浸泡后，研磨粉碎，然后经过过滤、煮沸就得到了豆浆。豆浆继续加热煮沸，经过一段时间的保温，表面会形成一层薄膜，将薄膜挑出后下垂悬挂呈枝条状，干燥后便成了腐竹。大豆转化成了豆浆，豆浆又转化成了腐竹。

江西高安也许是中国最早开始制作"腐竹"的地方。高安腐竹以当地

优质大豆为原料，色泽浅黄、条均匀、条内空心、营养丰富，且韧性好、吸水膨胀后不粘糊，具有豆制品特殊的清香风味。早在1000多年前的唐代，有一位来自江西抚州的豆腐师傅，来到高安八景镇礼巷落脚谋生。从此，他就在礼巷制作豆腐。在长年的加工实践中，他逐渐发现豆浆上面的油皮也可以食用，并取之做出了最原始的腐竹雏形。后传至高安县城，从此以后，锦河两岸家庭式豆制品作坊便如雨后春笋一般欣欣向荣，腐竹愈来愈受当地人的喜爱，并且很快传至全国。当时腐竹的流行，也与佛教有着密切的关系。在唐代，佛教步入了其历史上最鼎盛的时期，高僧辈出，空前繁荣。当时全国各地寺庙林立，信众遍布，斋食盛行，腐竹这类素食便一路从高安县城被推广到全国各地。不管是僧家还是俗家，都开始爱上这一新兴的豆制品，腐竹也迎来了传播扬名的繁荣时期。

记得小时候有一年暑假在姥姥家，一天早上姥姥说要去城郊的豆腐坊买些腐竹，问我要不要跟着去。虽然还不太清楚腐竹是什么，但是一听是去远的地方立刻就被吸引了。坐在自行车的后座上，环抱着姥姥的腰，任微风拂过身体，我们高高兴兴地来到了豆腐坊。走进大门，立刻被眼前的场景惊呆了，院子里整整齐齐地立着几十个用竹竿搭成的支架，上面挂满了一条条金黄色像丝带一样的东西，在阳光下好像发着光，直视着那一片金黄都感觉有些刺眼，原来那就是腐竹。目光被吸引过去就无法移开，对于那时的我而言，那壮观的场面简直太神奇了。直到现在，每次看到腐竹都还能想起那个早上阳光下的那一片金黄。

豆浆也好，腐竹也罢，经过长久的时间沉淀，在此基础上又形成形形色色的诸多菜肴，只有你想不到，没有历史做不到。就请诸君随我来一看究竟，一试身手吧！

仿荤素食：
天香腐皮卷

随着人们对健康的关注，素食便有了一大批拥趸。在素食餐厅里有一类仿荤素食，如素鸡、素鸭等，看上去甚至口感都很近似某种肉类，但其本质却是素食，主要食材大多是豆制品。天香腐皮卷就是其中的一种，也叫作素鹅。颇具韧劲、熏香浓郁的腐皮里包裹着滋味鲜香、美味可口的馅料，即便是肉食者也难挡其诱惑吧！

材料 Ingredient

豆腐皮	5张
姜末	1小匙
香菇丝	30克
金针菇	30克
胡萝卜丝	10克
榨菜丝	20克
香菜	2棵

熏料

大米	60克
白糖	3大匙
乌龙茶叶	1大匙
面粉	2大匙
八角	1个

调料 Seasoning

生抽	3大匙
盐	适量
素高汤粉	适量
白糖	1大匙
白胡椒粉	1/2小匙
素蚝油	1大匙
香油	1大匙
植物油	适量
水淀粉	适量
水	200毫升

做法 Recipe

1. 热锅，放入适量色拉油烧热，以中火爆香姜末，加入香菇丝、金针菇、胡萝卜丝、香菜和榨菜丝炒匀，加入少许盐、素蚝油、香油快炒数下，以少许水淀粉勾芡成馅。

2. 将其余调料混合；取3张豆腐皮对折，在每层间都刷上混合调料，再把馅包入豆腐皮中卷成条；摆在盘子上并覆上保鲜膜，再移入笼以大火蒸约5分钟，取出放凉备用。

3. 在锅底摆1张铝箔纸，放入大米、白糖、乌龙茶叶、面粉、八角，架上蒸架，将腐皮卷放在蒸架上，盖上锅盖以中火熏约5分钟，取出待凉，食用前切块即可。

小贴士 Tips

+ 在移动或取出腐皮卷时一定要小心，如果将腐皮弄破了，整个腐皮卷就会散掉。

食材特点 Characteristics

乌龙茶：属于半发酵茶，是经过半发酵等一系列工序后制成的，除了具有消除疲劳的功效外，还能生津利尿、解热防暑、解毒、消食去腻。

大米：是中国人的主要粮食作物，能为人体提供维生素、谷维素、蛋白质和花青素等营养成分。中医认为，其具有补中益气、健脾和胃等作用。

白菜煮豆皮

俗话说"百菜不如白菜"，白菜虽是一种普通得不能再普通的蔬菜，但它的营养价值却不能小觑。初冬时节，北方蔬菜的品种较为单调，这时刚刚上市的白菜，就成了最常出现在餐桌上的大路菜，想方设法变着花样地烹饪白菜就成了重中之重。白菜与豆皮炖煮得热气腾腾，既完整保留了菜品的营养，又能在冬天驱散寒气，是很多人的最爱。

材料 Ingredient

豆皮	60克
干香菇	2朵
白菜	600克
姜片	10克
胡萝卜丝	20克
香菜	适量
水	300毫升

调料 Seasoning

盐	1/4茶匙
白糖	1/2茶匙
香菇粉	1/4茶匙
香油	适量

做法 Recipe

1. 将豆皮泡软，切小片，再放入滚水中余烫一下，捞起沥干；干香菇洗净，泡软，切丝；白菜洗净，切片，备用。

2. 热一锅，加入2大匙色拉油，放入姜片爆香至微焦后，放入香菇丝炒香。

3. 续放入胡萝卜丝、白菜片和豆皮炒软，最后倒入水和所有调料拌匀，当煮至所有食材入味后，再加入香菜即可。

小贴士 Tips

+ 要用大火快炒白菜，以利用白菜的水分炖煮豆皮。
+ 白菜洗净后也可以用手撕，以分出白菜帮和白菜叶。

食材特点 Characteristics

白菜：是我国北方常见的蔬菜，性平味甘，有清热除烦、解渴利尿、通利肠胃的功效，经常吃白菜还可以预防坏血病。

香菇粉：为干香菇搅打而成，可以代替鸡精，做汤、炒菜时都可以放，不仅能够起到提鲜的作用，还能为菜肴增加营养。

减肥路上好帮手：

西红柿烧豆皮

在现代，很多人都信奉以瘦为美的审美观；也有一部分人从健康生活的角度出发，希望自己能够尽可能瘦一些。总而言之，减肥瘦身是现在非常重要并堪称永恒的话题。西红柿烧豆皮有着低脂肪、低胆固醇的特点，能快速被人体消化吸收，不会给身体造成多余的负担，绝对是爱美之人、追求健康生活之人减肥路上的好帮手。

材料 Ingredient

豆皮	50克
西红柿	250克
姜末	5克
芹菜段	15克

调料 Seasoning

盐	1/4茶匙
番茄酱	1茶匙
白糖	1/2大匙
酱油	适量

做法 Recipe

1. 将豆皮泡软，切小片，再放入滚水中汆烫一下，捞起沥干；将西红柿洗净，切块，备用。

2. 热一锅，加入2大匙色拉油，放入姜末爆香，再放入西红柿块拌炒均匀。

3. 续加入豆皮、芹菜段和所有调料搅拌均匀，烧煮至入味即可。

小贴士 Tips

+ 出锅后还可撒些香菜提味。

+ 西红柿和豆皮都是富含营养的食物，且均性温和，二者搭配是养生保健的最佳美食。

食材特点 Characteristics

西红柿：具有健胃消食、生津止渴等功效。其富含的番茄红素是非常好的抗氧化剂，其对有害游离基的抑制作用是维生素E的10倍左右。

番茄酱：除了富含番茄红素外，还含有B族维生素、膳食纤维、矿物质、蛋白质及天然果胶等，和新鲜西红柿相比，其营养成分更容易被人体吸收。

芹菜炒豆皮

小的时候，家里条件不是很好，市场上卖的蔬菜也不如现在丰富，经常吃的大概也就是那么几样，无外乎白菜、芹菜、油菜之类。但只要是妈妈做的，就觉得很香很好吃。至今记得很清楚，妈妈常做的一道是芹菜炒豆皮，童年的我认为那简直是人间美味，菜汤都不会剩下，要用馒头蘸干净了才心满意足地离开饭桌。

材料 Ingredient

芹菜	120克
豆皮	60克
黑木耳丝	20克
姜丝	10克
红辣椒圈	10克

调料 Seasoning

盐	1/4茶匙
香菇粉	少许
白胡椒粉	少许

做法 Recipe

1. 将芹菜去根部和叶，洗净，切段；将豆皮洗净，切丝，备用。

2. 热一锅，加入2大匙色拉油，放入姜丝、红辣椒圈爆香，再放入芹菜段、黑木耳丝炒匀。

3. 续放入豆皮丝和所有调料，拌炒至均匀入味即可。

小贴士 Tips

+ 黑木耳下锅前要尽量沥干水分，否则很容易崩起油点。

+ 炒芹菜时，不宜放太多盐，血压偏低者应慎食。

+ 炒芹菜时，可以倒入适量水：一是可以使芹菜变软易熟；二是使其不至于被炒得太干而影响口感。

食材特点 Characteristics

黑木耳：是一种营养丰富的食用菌，黑木耳中的胶质可吸附残留在人体消化系统内的杂质及放射性物质，并将之排出体外，具有清胃涤肠、防辐射的作用。

豆皮：是大豆磨浆烧煮后，凝结干制而成的豆制品，皮薄透明，风味独特，是高蛋白、低脂肪且不含胆固醇的营养保健食品。

美味大杂烩：
什锦大锅煮

据传，明朝永乐年间有一年元宵节，皇上兴起携众人出宫赏灯，深夜方回，令传膳。早先所备膳食已冷，御厨措手不及，索性将各样冷荤齐放入锅内，煮成菜肴装盆进献，醇香滋美。皇帝喜极问其名，御厨急中生智答曰："全家福"，皇帝大悦，御定此名，流传至今。想这"全家福"便是宫廷升级版的"什锦大锅煮"啊！

材料 Ingredient

猪小排	400克
白菜块	800克
豆皮	60克
西红柿	2个
姜末	30克
辣味肉酱罐头	1罐
水	800毫升

调料 Seasoning

盐	1茶匙
白糖	1大匙
料酒	2大匙

做法 Recipe

1. 将猪小排剁小块，放入滚水中氽烫至变色，捞出洗净备用；将西红柿去蒂，洗净，切小块；将豆皮泡水至软后冲洗干净。

2. 取一锅，烧热后倒入少许色拉油，先放入姜末以小火爆香，再放入猪小排和料酒以中火炒约1分钟。

3. 再盛入汤锅中，加入水、西红柿、豆皮、白菜块、辣味肉酱及盐和白糖，以大火煮开，改小火加盖续煮约40分钟，至猪小排软烂且汤汁略收干，最后加盐调味即可。

小贴士 Tips

+ 猪小排不要用热水清洗，因猪肉中含有一种肌溶蛋白的物质，在15℃以上的水中易溶解，若用热水浸泡就会散失很多营养，同时口味也欠佳。

食材特点 Characteristics

猪小排：又名猪肋排，是指猪腹腔靠近肚腩部分的排骨，肉层比较厚，并带有白色软骨，富含优质蛋白质和人体必需的脂肪酸，有助于改善缺铁性贫血等症。

夏季开胃菜：

白菜拌豆皮

蔬菜类食材采取凉拌的烹调方式，其营养损失最小。此菜以白菜、豆皮为原料，营养又健康，口感清新爽口、咸香适中，实在是夏日开胃佳选。白菜拌豆皮与荤菜一起吃，既解油腻，又刮油，胆固醇含量也很低，更是减肥食谱中的一道必备菜肴。

材料 Ingredient

A:
豆皮	2片
白菜	250克

B:
芹菜段	适量
胡萝卜丝	10克
香菜末	适量
蒜末	适量

调料 Seasoning

香油	1大匙
辣油	1茶匙
盐	适量
白胡椒粉	适量

做法 Recipe

1. 将豆皮放入滚水中快速汆烫，捞起沥干，切成条状，备用。

2. 将白菜洗净，切丝，用少许盐（分量外）抓匀至出水，再将白菜丝泡水至无咸味，滤除水分，备用。

3. 将豆皮、白菜与所有材料B一起混合拌匀，再加入所有调料一起搅拌均匀即可。

素烧豆包

素食是一种有益于身心健康的饮食，且素食主义已经逐渐成为一种时尚的生活方式，而不再只是某些宗教净化心灵的教条。素食者越来越多，年龄层也越来越低。即便是非素食者，也会时常吃些素食，清一清自己的肠胃，换一种生活方式。豆制品是素食里的大户。这款素烧豆包既提供了美味，又洗涤了身心，可谓一举两得。

材料 Ingredient

豆包	3片
干香菇	3朵
胡萝卜	25克
芹菜	30克
水	200毫升

调料 Seasoning

素蚝油	2大匙
酱油	1茶匙
香油	1茶匙
冰糖	少许

做法 Recipe

1. 将豆包洗净，切大片；干香菇泡水至软，切丝；胡萝卜洗净，去皮，切丝；芹菜去叶，洗净，切段，备用。

2. 热一锅，倒入1大匙色拉油，放入香菇丝爆香，再放入胡萝卜丝炒匀。

3. 倒入水，加入豆包片和所有调料煮约1分钟，再放入芹菜段炒匀即可。

香菇豆皮卷

在妈妈们的心中，孩子吃好、吃得健康是她们最关心的事情。在孩子们的心中，食物是否好看、味道是否诱人，才是决定是否要吃下去的关键所在。有着焦香酥脆的口感，像蛋卷一样可爱有趣的外形，再加上丰富的营养，这样的香菇豆皮卷，定会深得孩子的喜爱。妈妈们有了这把"关键钥匙"，还用担心孩子不爱吃饭么？

材料 Ingredient

豆皮	5片
香菇丝	30克
胡萝卜丝	30克
沙拉笋丝	50克
芹菜段	30克
面糊	适量

调料 Seasoning

盐	1/4茶匙
白糖	1/4茶匙
胡椒粉	少许

做法 Recipe

1 热一锅，倒入1大匙香油，先放入香菇丝稍微拌炒，再放入胡萝卜丝、沙拉笋丝和芹菜段拌炒均匀，再加入所有调料炒至所有材料入味，备用。

2 将豆皮铺平，放入适量做法1材料后卷起，尾端抹上少许面糊卷紧。重复此做法至豆皮和材料用毕。

3 热锅，加入适量色拉油，将豆皮卷封口朝下放入锅中，以中小火慢慢煎至豆皮卷表面焦香即可。

小贴士 Tips

+ 沙拉笋丝中可加一点橙汁或者柠檬汁，会让口感更清爽。

+ 需要注意的是，有便秘、口疮、目赤及易上火者，勿加入胡椒粉。

食材特点 Characteristics

面糊：面糊是一种烹调常用的半固混合物，将适量的面粉放入碗里，打入鸡蛋，根据个人口味可再放少许盐和五香粉，加水搅匀，呈糊状即可。

美味不单调：

炒什锦素菜

古今中外都能看到"什锦"的身影，选材自由、不拘一格，只要适合自己的口味就是合理。豆皮、胡萝卜、黑木耳、魔芋都是口感清淡、质地简单的食材，单纯混搭在一起难免稍显乏味，加一点味淋正好可以丰富味觉的层次。此外，色彩上的层次也让人眼前一亮，黄、红、黑、白、绿，才知道，原来五彩缤纷也可以用来形容一道菜。

材料 Ingredient

生豆皮	1块
胡萝卜	30克
黑木耳	50克
魔芋丝	100克
姜	10克

调料 Seasoning

酱油	1大匙
味淋	1/2大匙
盐	1/4茶匙
橄榄油	1茶匙

做法 Recipe

1. 将生豆皮洗净，切丝；胡萝卜洗净，切丝；黑木耳洗净，切丝；姜洗净，切片。
2. 煮一锅水，将魔芋丝汆烫去味，备用。
3. 取一不粘锅，放入橄榄油后爆香姜片。
4. 加入其余材料及其余调料拌炒均匀，即可盛盘。

小贴士 Tips

- 魔芋本身没有什么味道，只有跟其他材料配合时充分吸收汤汁的味道，才会好吃，所以可先将魔芋丝冷冻再下锅。
- 健康的食物并不等于难吃的食物，偶尔换换不同的调味料，如将味淋换成鲜美露，将普通酱油换成柴鱼酱油等，都可以为清淡饮食提升层次，将味觉多元化。

食材特点 Characteristics

魔芋：富含膳食纤维，对人体有很好的调节作用，具有降糖、降脂、降压、散毒、养颜、通脉、减肥、通便、开胃等多种功能。

味淋：是一种类似米酒的日式调味料，味道甘甜还有一定的酒味，能有效去除食物的腥味，具有紧缩蛋白质、使肉质变硬的效果。

香辣经典：

干烧豆包

清淡的豆包和热烈的辣椒碰撞在一起究竟会产生怎样的火花，吃一口干烧豆包就知道了。充分吸收了浓郁汤汁的豆包像一个个吸满了水分的海绵，小小的身体却"沉重"异常，内心有太多的感动与小秘密，迫切地想与他人分享，分享甜蜜、热情、淡然和痛快，有时候感动不一定是催人泪下，让人心情变好的美味也能感人至深。

材料 Ingredient

豆包	2块
姜末	10克
四季豆末	20克
胡萝卜末	10克
红辣椒末	5克
香菇末	5克
水	150毫升

调料 Seasoning

辣椒酱	1大匙
白糖	1茶匙
香油	1大匙

做法 Recipe

1. 将豆包洗净沥干，用油温为140℃的热油炸至金黄，取出沥干油，切块状备用。

2. 热一锅，倒入适量油，将姜末、四季豆末、胡萝卜末、红辣椒末、香菇末放入锅中炒香。

3. 倒入水，再加入豆包块和所有调料，干烧至汤汁略收干即可。

小贴士 Tips

+ 四季豆含有一定毒性，对胃肠道有刺激，但只要将四季豆彻底煮熟，就可以彻底破坏毒素。

食材特点 Characteristics

辣椒酱：分油制和水制两种。油制是用香油和辣椒制成，颜色鲜红，容易保存；水制是用水和辣椒制成，再加入蒜、姜、糖、盐等，味道更鲜美。

四季豆：就是豆角，有调和脏腑、安养精神、益气健脾、消暑化湿的功效，但在食用时一定要煮熟，否则会导致中毒。

药膳炖素鳗鱼

药膳是中国传统医学与烹调技艺的结合，寓医于食，将食物赋以药效，药借食力，食助药威，二者相辅相成，千百年来在家家户户的厨房里流传至今，仍然深受大众的喜爱。爱素食的人对素鳗一定不会陌生，豆包和豆皮里丰富的大豆蛋白加上含有丰富微量元素的海苔，这样的搭配，不仅色香味俱全，还兼具了营养和保健的功效。

材料 Ingredient

豆包	6片
豆皮	4张
海苔	4张
姜片	10克
面糊	适量
水	600毫升

调料 Seasoning

盐	适量
白胡椒粉	适量

中药材

当归	10克
川芎	10克
党参	15克
红枣	10颗
黄芪	15克
枸杞子	10克

做法 Recipe

1. 将豆包洗净，抹上盐和白胡椒粉，取一张海苔垫底，将1.5张抹匀的豆包放在海苔上后卷起，于尾端涂上面糊后卷紧。

2. 将上述卷好的材料放至豆皮上卷起，于尾端涂上少许面糊后卷紧，放入蒸锅中蒸约5分钟；取出放凉后切段，续放入油锅中炸约1分钟至表面呈金黄色后，捞起沥油，即为素鳗鱼。

3. 将所有中药材洗净，放入锅中，加水、姜片煮约10分钟，加入素鳗鱼，炖煮至入味即可。

小贴士 Tips

+ 中药材很容易以次充好，所以购买中药材要去正规的中药店，这样品质才有保障。

+ 中药材用清水略冲洗就好，时间久了药效会散失。

食材特点 Characteristics

当归：中医认为精血同源，血虚者津液也不足，肠液亏乏易致大便秘结。当归可润肠通便，常与麻仁、苦杏仁、大黄合用治疗血虚便秘。

川芎：有行气开郁、祛风燥湿、活血止痛的作用，可用于月经不调、经闭痛经、癥瘕腹痛、胸胁刺痛、跌扑肿痛、头痛、风湿痹痛等。

可爱的美食：
口袋油豆包

口袋油豆包看上去就像是一个个小小的、扎着翠绿缎带的金黄色古代荷包，外表小巧可人，内容也着实丰富。类似于饺子和包子的做法，有皮有馅，皮为精，馅为华，相映成趣。它既可以是休闲派小吃，也能作为下饭菜端上饭桌，一口一个，将饱含着浓郁汤汁的豆包含在嘴里，唯一的感觉就是幸福了吧。

材料 Ingredient

日式油豆包	3片
瘦猪绞肉	50克
韭菜花	1棵
洋葱	1/6个
牛蒡	30克
高汤	500毫升

调料 Seasoning

盐	1/4茶匙
酱油	1/2茶匙
白糖	1/4茶匙

做法 Recipe

1. 将牛蒡、洋葱均洗净，切丝；韭菜花去花苞，洗净，汆烫，撕成3条长丝，备用。

2. 将瘦猪绞肉放入容器中，加入盐搅拌数下，加入其余调料拌匀成肉馅。

3. 加入牛蒡丝、洋葱丝拌匀。

4. 将肉馅塞入日式油豆包内，用韭菜丝扎紧开口，重复此做法直到材料用完。

5. 将豆包放入高汤中，炖煮15分钟即可。

小贴士 Tips

+ 如果选择自制高汤，因为没有防腐剂要注意保存期限，即使放在冰箱内也不要超过2周。

+ 油豆包本身就带有较大的油量了，所以包在里面的馅料就应尽量减少有油的食材，如猪绞肉一定要选瘦的，高汤在使用前也要先冷却并刮除表面的油脂。

食材特点 Characteristics

牛蒡：又名恶实、大力子、东洋参等，含菊糖、膳食纤维、胡萝卜素、蛋白质、多种维生素，以及钙、磷、铁等多种矿物质，其中胡萝卜素的含量比胡萝卜高150倍，蛋白质和钙的含量为根茎类之首。牛蒡全植物还含有抗菌成分，能杀灭金黄色葡萄球菌。

暖阳般的味道：

鲜菇烩腐竹

南方的冬天没有洁白的大雪覆盖大地，只有冰冷的冬雨湿润脚下的路，使人们只想飞奔回家，吃一餐热乎乎的饭菜，这时候没有比鲜菇烩腐竹更合适的了。烩制之后的腐竹和菌菇搭配得如此和谐，其口感浓厚醇香，散发出让人心动的温暖气息，暖暖的色泽就如同冬日午后的暖阳。突然好想做一只胖胖的猫，懒懒地趴在窗台上晒太阳。

材料 Ingredient

腐竹	50克
鲜香菇	40克
蘑菇	30克
胡萝卜片	20克
甜豆荚	40克
姜片	5克
水	200毫升

调料 Seasoning

盐	1/4茶匙
香菇粉	适量
白糖	1/4茶匙
香油	适量
醋	适量
水淀粉	适量

做法 Recipe

1. 将腐竹洗净，泡软后切段，备用。

2. 将鲜香菇、蘑菇均洗净，切片；甜豆荚去头尾和粗丝后洗净。

3. 热一锅，加入适量色拉油，放入姜片、鲜香菇片、蘑菇片炒香，再放入胡萝卜片、腐竹段和水，炒约1分钟。

4. 续加入甜豆荚和除水淀粉之外的所有调料，煮至食材入味，最后以水淀粉勾芡即可。

小贴士 Tips

+ 优质的腐竹表面光滑、干净，如果有杂质甚至泛白的霉斑等则不要选购，哪怕商家说很正常，泡下就没了，也不要轻信。

+ 此菜一般人群均可食用，但脾胃寒湿气滞或皮肤瘙痒患者应忌食。

食材特点 Characteristics

腐竹：是将豆浆加热煮沸后，经过一段时间保温，表面形成一层薄膜，挑出后下垂成枝条状，再经干燥而成的，因其形类似竹枝而得名。

蘑菇：富含人体必需的氨基酸、矿物质、维生素和多糖等营养成分，经常食用蘑菇能促进人体对其他食物营养的吸收。

有一种味道叫浓郁：

腐乳豆皮卷

早在北魏时期的文献上就有"干豆腐加盐成熟后为腐乳"的记载，可见中国人食用腐乳的历史源远流长。腐乳在通常情况下是作为佐餐小菜食用的，深受大众的喜爱。而在这道腐乳豆皮卷里，腐乳同样发挥出了神奇的作用。加入腐乳的豆皮卷味道不是一般的浓郁，其汤汁稠浓，豆皮卷焦香厚重，滋味更是丰满诱人。

材料 Ingredient

豆皮	2张
黄豆芽	500克
香菇	300克
金针菇	300克
胡萝卜	30克
素火腿	30克
发菜	适量

调料 Seasoning

A：

酱油膏	1大匙
白糖	1大匙
香油	1茶匙
水淀粉	1茶匙
胡椒粉	1/4茶匙
盐	1/4茶匙

B：

红曲豆腐乳	4块
白糖	1大匙
香油	1大匙
水	100毫升

做法 Recipe

1. 取1张豆皮洗净，平均切成6小张；发菜泡发，沥干。

2. 将其余材料放入锅中炒熟，再加入所有调料A炒香后放凉。

3. 取1小张豆皮摊平，放入适量做法2的材料，包卷成筒状。重复此步骤，直至材料用尽。

4. 取一平底锅，加入少许色拉油烧热，放入豆皮卷，煎至焦香味溢出，再加入混合拌匀的调料B和发菜，以小火煮至香味溢出，盛盘，再放入烫熟的芥菜（材料外）装饰即可。

小贴士 Tips

+ 没熟透的黄豆芽会带点涩味，如果想吃爽脆鲜嫩的豆芽，加醋便能去除涩味。

食材特点 Characteristics

黄豆芽：是一种营养丰富、味道鲜美的蔬菜，含有较多的蛋白质和维生素，对脾胃湿热、大便秘结、高脂血症等有一定的食疗作用。

红曲豆腐乳：红曲是以籼米为原料，用红曲霉菌发酵而成，是一种天然的着色剂，不仅食用安全，还有一定健脾消食、活血化淤的作用。

千变万化豆制品 **215**

食材的大合唱:
豆浆什锦锅

"什锦"是解决众口难调的不二法门,因为总有一种食物是你爱吃的。每次看大家围坐一桌,大吃什锦菜的时候,都不免赞叹发明者的睿智。在什锦的世界里,每一种食材本来的味道,都与其他伙伴一起,融合汇聚在一锅中了,犹如涓涓细流之入江海,这是一种博大。要让口味更上一层楼,原味豆浆的加入就成了那画龙点睛的最后一笔。

材料 Ingredient

A:
海带	100克
原味豆浆	2000毫升
水	8茶匙

B:
猪肉片	600克
卷心菜	1/2棵
洋葱	1/2个
胡萝卜	100克
豆腐	2块
豆皮	3片
蛋饺	8个
鲜香菇	4朵
菠菜	200克

调料 Seasoning

盐	少许
淀粉	4茶匙

做法 Recipe

1. 先将材料B中除猪肉片以外的全部材料洗净;淀粉和水调成水淀粉。

2. 将卷心菜洗净,切成块;洋葱洗净,切细条;胡萝卜洗净,去皮,切片;豆腐洗净,切成块状;菠菜洗净,切段;鲜香菇洗净,对切备用。

3. 取一锅,倒入原味豆浆,将海带擦干后放入锅中,浸泡约10分钟后开中火,在豆浆沸腾前将海带取出。

4. 将水淀粉倒入锅中勾薄芡,以防豆浆变成碎豆花状。

5. 加少许盐调味后,将材料B依个人喜好按顺序放入锅中,以大火煮熟即可。

小贴士 Tips

+ 豆浆富含蛋白质,所以很容易变质,即使放在冰箱中保存也不要超过6小时。

食材特点 Characteristics

海带:含有大量的不饱和脂肪酸及膳食纤维,能迅速清除血管壁上多余的胆固醇,还能促进胃液分泌,有助于肠胃蠕动。

菠菜:富含类胡萝卜素、维生素C、维生素K,以及钙、铁等矿物质,故有"营养模范生"的美誉。但大便稀溏、脾胃虚弱、肾功能虚弱者不宜多食。

冬日养生锅：
山药豆浆锅

豆浆有一股很浓的豆腥味，很多人难免不喜欢，可是豆浆确实对人体十分有利。其实只要换一种方式，豆浆也是很可口的。在这道菜里，将豆浆作为炖煮的媒介，其中的豆腥味被山药、枸杞子、鸡肉等中和，口感柔和，还能保证营养。暖暖的一锅浓汤最能温暖肠胃，融化身心，一碗下肚，似乎冬天不再寒冷，风也不再凛冽。

材料 Ingredient

原味豆浆	800毫升
山药	300克
鸡腿	1个
蒜末	10克
枸杞子	适量

调料 Seasoning

盐	1/2茶匙
鸡精	1/2茶匙
白胡椒粉	适量

腌料 Marinade

盐	适量
白糖	适量
米酒	1茶匙
淀粉	适量

做法 Recipe

1. 将山药洗净，去皮，切块；将枸杞子冲洗干净，备用。

2. 将鸡腿洗净，去骨，切块，再加入所有腌料拌匀，腌制约20分钟，备用。

3. 热一锅，加入适量色拉油，爆香蒜末，再加入鸡腿块，炒至颜色变白。

4. 锅中加入山药块、枸杞子和原味豆浆，煮至滚沸后加入所有调料，拌匀煮至入味即可。

小贴士 Tips

+ 不可将白糖换成红糖，红糖中的有机酸能够与豆浆中的蛋白质结合，产生变性沉淀物，而白糖则不会。

食材特点 Characteristics

山药：富含黏蛋白、淀粉酶、皂苷、游离氨基酸、多酚氧化酶等物质，具有滋补作用，能强健机体、滋肾益精。

枸杞子：富含胡萝卜素、多种维生素和钙、铁等使眼睛健康的必需营养物质，故有明目的功效。对肝血不足、肾阴亏虚引起的视物昏花和夜盲症有一定作用。

豆浆滑蛋虾仁

明明不是甜食，却给人以甜蜜的感觉，可能是柔软的外表和鲜嫩Q弹的口感造成的错觉吧。对于如此可人的形象，如是外貌协会的人，光看看就觉得是难得的美味，如果尝一口，就会彻底地沦陷，原来"好吃到想哭"是真的。鸡蛋和虾仁都是味道很明确的食材，由于豆浆的加入，味道变得模糊起来，你中有我，别有一番滋味。

材料 Ingredient

鸡蛋	4个
虾仁	80克
葱花	15克
原味豆浆	80毫升

调料 Seasoning

盐	1/4茶匙
米酒	1茶匙
淀粉	1茶匙

做法 Recipe

1 将虾仁洗净，入锅汆烫，在水滚后5秒即捞出，冲凉沥干；将淀粉与原味豆浆调匀，备用。

2 碗中打入鸡蛋，加盐、米酒拌匀，接着加入虾仁、豆浆和葱花拌匀。

3 热一炒锅，加入2大匙色拉油，将做法2中的材料再次搅拌均匀后，全部倒入锅中，以中火翻炒至蛋液凝固即可。

小贴士 Tips

＋ 之所以在本品中加入淀粉，是为了让鸡蛋更加蓬松爽滑，让蛋液中含适量水分。

＋ 倒入混合的材料后，不要像平时炒鸡蛋一样将蛋液打散，而是应该等蛋液边缘开始逐渐凝固后，用木铲将鸡蛋向锅的中央轻轻地推和堆。

食材特点 Characteristics

豆浆：是将大豆用水泡涨后，经过磨碎、过滤、煮沸而成的，含有丰富的植物蛋白、卵磷脂、多种维生素，以及铁、钙等矿物质。豆浆虽然营养丰富，但饮用过量也会为身体带来负担，容易引起过食性蛋白质消化不良，出现胀满腹泻等不适症状。

让我们荡起创意的桨：

豆浆拉面

豆浆拉面是韩国和日本比较流行的一种面食，在国内不太常见，但你只要尝过一次，就定会爱上这款特别的风味美食。按常理来说，豆浆和拉面很难联系在一起，一个是早餐饮品，一个是经典主食，似乎并无交集。可是当把它们放在一起却有了意想不到的化学反应，口感劲道的面条配上绵柔爽口的豆浆高汤，似乎成了天生的一对。

材料 Ingredient	
原味豆浆	400毫升
高汤	200毫升
拉面	300克
绿豆芽	30克
海带芽	10克
玉米粒	40克
叉烧肉片	4片
卤蛋	1/2个
葱花	10克

调料 Seasoning	
盐	1/4茶匙
鸡精	1/4茶匙

做法 Recipe

1. 将原味豆浆、高汤混合煮滚，再加入所有调料拌匀。

2. 另热一锅，加入约半锅水煮滚，放入海带芽、绿豆芽汆烫后捞出，备用。

3. 续放入拉面，煮约2分钟至弹软，备用。

4. 取一大碗，盛入拉面，再加入海带芽、绿豆芽，续放入玉米粒、叉烧肉片、卤蛋，最后倒入豆浆高汤，并撒上葱花即可。

豆浆烩白菜心

下雨天最适合待在家里，潮湿的空气中弥漫着泥土的芬芳，清新自然。这时候，来一份温温的、淡淡的小菜最合适不过了。屋子里满是豆浆烩白菜心那暖昧温婉的香气，伴着从窗外飘进来的潮湿感，有味道的空气也显得那么浪漫。下雨天就是用来浪漫的，生活不是唯美的韩剧，没有那么多波折的剧情，生活的浪漫就是自己的小情趣。

材料 Ingredient

白菜心	600克
虾米	30克
姜	20克
原味豆浆	400毫升

调料 Seasoning

盐	1/4茶匙
鸡精	1/4茶匙
白糖	1/4茶匙
水淀粉	1茶匙

做法 Recipe

1. 将白菜心从蒂头剖开，洗净；将虾米用开水浸泡约10分钟，洗净；姜洗净，切末备用。

2. 热一炒锅，转小火，放入2大匙色拉油，将虾米及姜末放入炒香。

3. 加入原味豆浆、白菜心，接着放入盐、鸡精、白糖调味，即可转大火，煮至滚后再转小火煮约15分钟，最后用水淀粉勾薄芡即可。